KEY STRATEGY

關鍵策略

瞄準市場 × 經營品牌 × 建立客群 × 掌控全局，
恰當好處的小心機，高效率實現大目標！

胡文宏，惟言——編著

胡椒罐上多鑽一個孔，就能輕鬆增加商品銷售量；
樸實無華的外表沒人理，多功能包裝讓品牌煥然一新；
大家一窩蜂湧入淘金熱，有人卻光靠賣水就大賺一筆；
店家無傷大雅的「致歉聲明」，一秒為企業建立良好信譽……

好點子讓你成功一時，妙策略保你長久經營，
身處詭譎多變的商場，三十六計的智慧你必須懂！

目　錄

目錄

目錄

目錄

前言

關於點子，商業界一直存在兩種看法。

一種是點子神效論，認為靠幾個點子就可以走遍天下。這些人一度嘗到甜頭，但在後來的實踐中卻又大都失敗。

另一種是點子無用論，認為點子都是一些不中用的花拳繡腿，或者只是市場經濟不成熟時的怪胎，在現代商戰中發揮不了任何作用。這些人的經商方法大都古板枯燥，做不出什麼大的建樹。

以上的兩種看法，其實都過於極端。在古今中外的商戰中，「點子」一直發揮著巨大的威力。點子其實只是一種戰術，戰術能造成一時的、局部的勝利，但它代替不了策略的作用，只有策略才能夠達到長久的、整體的成功。也就是說，商戰中，我們對待點子的態度應該抱持一種平常的心理：既承認點子的巨大效果，又不迷信點子的神奇作用。

仔細研究那些商戰中被人們所傳頌的點子，我們可以驚奇地發現：它們與古代奇謀「三十六計」均有著千絲萬縷的關聯。即便是那些遠隔重洋的異國大亨，他們高明的點子也無不與「三十六計」暗暗重合。這種現象不能簡單地認為是一種巧合，而應該視為一種智慧交會的必然。本書就是基於此種認知，以「三十六計」為綱、商用點子為目編著而成。本書將「商用點子」與「三十六計」做了一個系統的結合，試圖理清其中的脈絡，以此窺破商用點子的天機。

商海無涯，多少人一夜暴富，多少人一夜破產！市場的神話，商戰的傳奇，總是那麼令人心神悸動、嚮往不已。如果我們騎上策略的寶馬，揮動點子的利劍，一定會戰無不勝，所向披靡！

編者

前言

● 瞞天過海

把計畫深藏於心中，把目的隱藏在行動中，一旦時機成熟，就一鳴驚人。「瞞天過海」並不是提倡商業欺詐行為，而是要求它在合法的前提下採用。

商海茫茫，誰主浮沉？

在向來都是以成敗論英雄的商場，誰過得了「海」，誰就能得道成仙；反之，免不了受人擺布，甚至破產。

「瞞天過海」是商戰中普遍運用的一招制勝利器，這需要精密的企劃能力。了解敵、我之間的主、客觀情勢，要慎下針砭，此計方能奏效。

真名人・假名人

在眼球經濟、名人效應日益突顯威力的新時代，許多產品紛紛靠請名人當代言人而一炮而紅。

有一則笑話說，外國某書商為了推銷自己的新書，寄了一本給該國總統，該國總統看完後說：「是一本好書。」書商便對外宣傳說：「總統說『是一本好書。』」結果該書非常暢銷。第二次，書商又故伎重演，知道「上當了」的總統看完書後說：「是一本不好的書。」書商又對外宣傳說：「總統說『是一本不好的書』。」結果該書又是非常暢銷。第三次，總統乾脆說；「簡直讀不下去！」然而這句話還是令書商大賺一筆。第四次，聰明的總統乾脆一言不發。但更加聰明的書商這一次的廣告是：「總統無法作出評判。」結果不言而喻。

這當然是一則笑話，卻真實地反映了「名人效應」這個商業趨勢。

能夠請到名人打廣告當然是一件好事，但有時候花的錢太多，或花再多錢也請不來，這未免成為一種遺憾。

有沒有一種既少花錢，又能達到名人宣傳效果的點子？

英國一家珠寶店開張營業，正當顧客慢慢聚集時，突然「女王陛下」駕臨。她徑直走向珠寶首飾櫃檯，並對周圍驚喜交加的人們微笑點頭招手，風度翩翩。「女王御駕」光臨的消息不脛而走，這家新珠寶店的聲譽也驟然倍增。前來參觀、選購的人群熙來攘往，熱鬧非凡，沒有趕上這一盛況的，也都紛紛聞風而來。

後來，人們慢慢才知道 —— 更多的人也許很難知道，那天「光臨」的並不是「女王陛下」，而是一位面貌酷似女王的女士。然而，珠寶店揚名的目的達到了。

當然，這位「女王」是珠寶店聘請來的，但因珠寶店及這位「女王」自始至終都未聲稱她（我）是女王，因此，這也不存在侵犯名譽這個法律問題。

在國外，模仿名人的名人秀已成為一種產業，甚至有專門出租「名人」的公司。這類公司擁有一批與名人長相酷似的人，專門為一些客戶提供「名人秀」。

狀告「第三者」

在英國利物浦市的法庭上，旁聽席上座無虛席。一位金髮中年婦女傷心地哭訴道：「法官先生，我丈夫有了外遇，他每次都和那風騷的第三者鬼混！」她越說越傷心。

全場譁然，旁聽者都豎起了耳朵。

她一邊流淚一邊說：「敬愛的法官先生，他不是人。我 20 歲嫁給他後，他曾發誓再也不跟那騷貨來往了，可是，結婚不滿一星期，他又偷偷溜出去與那騷貨約會。我忍氣吞聲地活了 20 年，如今他已經 50 多歲了，照樣劣性不改，不管白天黑夜，他都不知羞恥地抱著那騷貨瘋狂地跳啊叫啊，讓別人看笑話。」

旁聽席上，一些女士、小姐開始為她憤憤不平。

法官的雙眼瞪得像銅鈴一樣，說：「那麼，第三者是誰？」她擦擦哭得腫脹的雙眼，慢慢開口，說：「那第三者就是足球，就是那臭名遠揚、家喻戶曉的圓溜溜的壞蛋！」

法官呆住了。旁聽席上有人笑得前仰後合，還有人吹起口哨。

這女人大聲叫道：「我要告宇宙足球廠！它一年生產 20 萬顆足球，勾引我丈夫的第三者就是這家廠商製造的。」

宇宙足球廠的老闆當時碰巧也坐在聽眾席，此時主動站到被告席上。他笑嘻嘻地說：「太太，是我們對不起妳，我們廠的足球天天勾引妳先生去足球場。足球使他撇下妳，讓妳一個人獨守空房，我們廠願意賠妳 10 萬英鎊的孤獨費。太太，妳贏啦！」說完豪爽地開了一張 10 萬英鎊的支票遞給那個女人。

第二天，宇宙足球廠的足球成為「第三者」而給予賠款的新聞傳遍整個英國，同時，宇宙足球廠的產品銷量也劇增。事實上，這場幽默的審判自始至終是由宇宙足球廠策劃的。高明的是，他們完全不需要為這場「欺騙」負法律責任！

歡樂大追緝

「歡樂大追緝，全面捉拿兩名涉嫌重大的影視歌手 —— 查有兩名歌手，曾因出版唱片，致使地下唱片猖獗，各界購買盜版唱片或錄音帶，每有雜音、跳針等問題，紛紛向唱片行提出嚴重抗議，擾亂唱片市場甚巨。涉嫌觸犯著作權法第三十二條第三項，應處三年以下有期徒刑，並處 3 萬元以下罰款。敬請各界人士向各地唱片行詢問詳情，協助捉拿到案，該二人之親朋好友如有知其行蹤者，亦請協助勸其早日出面說明，以正視聽……」

上述「懸疑」方式的廣告，其實是臺灣歌林公司音響出版部為推廣新唱片所玩的噱頭。果然，過了沒幾天，又登出了「自白」：

陶大偉、孫越（以下簡稱我們）出面澄清 ——

自去年五月以來，我們因全力投入一個製造歡樂的大計畫，久未一起公開露面，導致有涉及盜版、逃匿的誤傳，事關名譽，特此鄭重說明，還我二人清白，以正視聽。

八個月的工作中，我們在歌林公司完成一張專輯唱片，一個春節特別節目，一部香港新藝城公司所拍攝的電影。歌林公司唱片製作人呂子厚，電視專輯製作人張艾嘉，電影導演虞戡平都可以為我們作證。

去年，我們的原版唱片、錄音帶都名列排行榜第一名，這是承蒙大家的愛護。但是地下盜版也賣一名，這使得大家在不知情下購買，必須忍受雜音、跳針、音效差等種種缺點，不僅大家買了受騙，我們更是最大的受害者。

今天，我們推出的「歡樂大追緝」專輯，總共花了八個月時間製作，原版的品質、音響效果，絕對不是盜版唱片能做到的，為了防止大家不小

心買到盜版，我們特別想出「歡樂大追緝」活動，幫助大家認識原版，把真正的歡樂帶回家。請向各地唱片行購買「歡樂大追緝」原版唱片、錄音帶。

檢舉獎金：凡因提供線索而破獲盜版地下工廠者，即贈新臺幣 2 萬元整致謝。

至此真相終於大白，原來它是一個推銷新產品兼打擊仿冒盜版的活動。在各種廣告手法和創意都用過之際，能想出這麼一個自編自導自演的「點子」，也算是匠心獨具、別出心裁了！要努力想出比競爭對手更有創意的廣告點子，而不是努力花去比競爭對手更多的廣告經費。

● 圍魏救趙

避實擊虛，攻敵軟肋，逼其就範，是軍事戰爭中「圍魏救趙」的真諦。在商戰中，運用過人的機敏和超人的判斷力，捕捉對手在市場上的薄弱環節，集中全力加以猛攻，迫使對方力求自保，收縮戰線，以簽訂城下之盟。

「圍魏救趙」在很多時候運用於敵強我弱的抗衡中，其目的是保存實力，尋機壯大。其實，即使是在勢均力敵的商戰中，若能運用「圍魏救趙」的計謀，也能有以最小的代價換取最大成功的作用。

空中巴士的崛起

1990 年代，空中巴士公司在歐洲崛起，當時，美國波音飛機公司已透過強大的實力占領了世界 90% 的飛機市場，在歐洲、美洲更是幾乎達到了獨霸的地位，令空中巴士飛機公司的發展舉步維艱。

空中巴士公司經過詳細的市場調查，發現亞洲市場是波音飛機公司的薄弱地帶，同時也是波音飛機公司極為看重、力圖大力發展的關鍵，如果全力進攻，必能使波音飛機公司顧此失彼，陷入被動局面。

於是，空中巴士公司果斷出擊，全力開拓亞洲市場。僅僅 1993 年一年，就和國泰航空公司、新加坡航空公司這兩大亞洲著名的航空公司簽訂了大額訂單，淨賺 83 億美元。之後，空中巴士飛機公司又乘勝進軍中國，在中國成立了歐洲空中巴士航空公司中國分公司。

空中巴士公司的「圍魏救趙」之計果然使波音飛機公司亂了陣腳。波音飛機公司一直以來對亞洲這個巨大的市場垂涎已久，但由於各方面的原

因，沒能全力開拓這個市場，反而讓空中巴士飛機公司鑽了漏洞。

波音飛機公司在亞洲市場的薄弱部署是其致命之處，空中巴士公司的進攻使得波音飛機公司疲於應付，手忙腳亂，顧此失彼。

空中巴士公司抓住有利時機擴大成果，只用了不到 10 年時間，就已經占領了 55% 的市占率，達到了與波音飛機公司平起平坐的地位，市場上兩家航空公司平分秋色。

波音飛機公司迫不得已只得大幅裁員，全力研製以渦輪噴射發動機為動力的新型客機。空中巴士公司也不甘示弱，投入巨資研製巨無霸型客機。

空中巴士公司以「圍魏救趙」之策大獲全勝，「攻敵薄弱處」與「攻敵所必救」，是「圍魏救趙」選擇正確攻擊目標的兩大關鍵，只有緊緊抓住了這兩點，才能有效地痛擊對方，陷對方於不利地位。我方再主動出擊，妙計迭出，就能大獲成功，在市場競爭中取得勝利。

● 借刀殺人

借刀殺人，「刀」要「借」得巧妙，不動聲色；「人」要「殺」得機智，不留痕跡。

一己之力，畢竟有限，借助他人的力量巧除對手，實在是一種商戰的大智慧。

面對面地交鋒，即便有必勝的把握，也是「殺敵一萬，自損八千」，而不動聲色地借用第三者的力量將對手除去，可以令自己不傷分毫。

趕走英資集團

香港首富李嘉誠曾成功地運用「借刀殺人」計，既迴避了風險，又取得了巨大的收益，還獲得了廣泛的讚譽。

在那場轟動全香港的九龍倉收購大戰之前，他早已暗暗開始行動了。九龍倉是一塊風水寶地，具有得天獨厚的地理優勢，英資怡和集團獨霸已久。

當李嘉誠的長江塑膠廠更名為長江工業有限公司時，他的實力已成倍遞增，身為備受英資怡和集團排擠欺壓的華資企業的佼佼者，他決心收購九龍倉，以報往日的一箭之仇。

正當他挪用巨額資金，暗暗吸納九龍倉的股票時，號稱「船王」的環球航運公司總裁包玉剛開始實施「登陸計畫」，他也看中了九龍倉，也開始大量搶購九龍倉股票，並宣布收購九龍倉，致使九龍倉股票大幅飆升，由 10 餘元升至 40 多元。

包玉剛的「登陸計畫」使李嘉誠為之一驚，而怡和集團更是大為恐

慌，急忙尋找靠山，滙豐銀行憑藉雄厚的實力，給了怡和集團堅實的支持，才使怡和集團吃了一顆定心丸。

分析敵我形勢，李嘉誠果斷地下了決定：自己的實力不如怡和，如果硬拚，勢必損耗自己實力，何不讓給包玉剛，由包玉剛與怡和拚個你死我活呢？

李嘉誠高明地採用了「借刀殺人」的策略，將自己暗中吸納的1,000多萬股九龍倉股票賣給了包玉剛，獲利5,000多萬港幣。作為報答，包玉剛把自己持有的和記黃埔有限公司股票出讓給李嘉誠，讓李嘉誠大大地賺了一筆。

結果，一場空前慘烈的拚殺在包玉剛與怡和集團之間展開了。

為了取得超過49%的股份以便控股九龍倉，包玉剛動用了高達30億港幣的巨額資金。怡和集團為了保住九龍倉，不惜孤注一擲，也動用巨資，進行瘋狂的反收購，居然開出了1股90多元的高價。

包玉剛毫不示弱，以105元1股的天價強行收購，終於成功地控制了九龍倉，廣大香港市民無不歡欣雀躍，無數華資企業終於揚眉吐氣。

為了感謝李嘉誠的鼎力支持，包玉剛以極其優惠的條件，讓李嘉誠來設計西環的貨倉大廈，使李嘉誠又得到了不少的好處。

李嘉誠借助包玉剛這把利「刀」，痛快淋漓地「殺」敗了自己的心腹大患怡和集團，九龍倉落入包玉剛之手，華資企業從此揚眉吐氣，英資財團逐步喪失了控制香港經濟命脈的能力。

借刀殺人，既使李嘉誠除去了心腹大患，又避免了正面交鋒的風險，同時還獲得了巨額的收益，贏得了包玉剛和香港市民的讚譽，一舉數得。李嘉誠這招「借刀殺人」實在高明。可見，只要此法運用得當，同樣能大獲成功。

九龍倉收購戰由於打破了英資財團套在華資企業身上的枷鎖，是香港華人的共同願望，帶有民族主義色彩，因此李嘉誠「借刀殺人」不但廣受讚譽，也受到香港人的尊敬。

奇特的是，李嘉誠由於退出九龍倉收購戰的爭奪，反而獲得了滙豐銀行的好感，增進了與滙豐銀行的業務往來，為今後自己爭奪和記黃埔有限公司打下了良好的基礎。

「借刀殺人」運用到這種境界，才稱得上是經典之作。而眾多使用此計的商家反而因為應用不得法，雖也獲取了一定的好處，卻被人斥為「奸商」，背上了惡名，不利於今後企業的進一步發展。

李嘉誠的經典商戰案例，值得我們反覆玩味。

找一把鋒利的刀

想要借刀殺人，刀一定要鋒利。要找到一把鋒利的刀，往往需要具備相當的眼光並費一番努力。

英國曼徹斯特市有兩大著名的建築商「T 公司」和「M 公司」，雙方競爭異常激烈，劍拔弩張，勢同水火。

當時的鋼材供應嚴重偏向賣方市場，規模較大的 D 鋼鐵材料公司是這兩大建築公司的鋼材供應商，由於 M 公司總裁和 D 公司總裁具有同窗之誼，關係非同一般，因此 M 公司可以得到物美價廉的鋼材，在建築市場上如魚得水。而 T 公司就沒有這麼幸運了，不僅要付出很高的價錢，而且常常受到 D 公司的刁難，鋼材常無法及時供應，大大地影響工程進度，使 T 公司總裁叫苦連天。

為了改變被動的局勢，T 公司總裁專程請來了大名鼎鼎的經濟間諜赫爾，請他想想辦法。

赫爾果然不同凡響，他嚴密關注 M 公司的動向，並僱了一個流浪漢去收集 M 公司的垃圾，由他從中挑揀有價值的東西。皇天不負苦心人，幾個月後，他終於從垃圾中發現了一張廢棄的照片，居然是 M 公司總裁正在與人偷情幽會的鏡頭。

赫爾喜出望外，急忙把這張照片交到 T 公司總裁手裡。儘管照片中的人物有些模糊，但還是能清清楚楚地確認兩個人的身分：一個是 M 公司的總裁，一個是比總裁小 20 歲的年輕女祕書。T 公司總裁一見，如獲至寶，急忙派人將照片送到了 D 公司總裁手裡。

D 公司的總裁是位生活極為嚴謹的古板老人，他見到照片，頓時火冒三丈。從此以後，M 公司的鋼材進貨遭到了前所未有的刁難，不僅價格奇高，而且供應很不及時，嚴重影響了工程進度，不斷受到索賠的懲罰，公司的聲譽日下，處境越來越不利。

M 公司的總裁剛開始還莫名其妙，隨後明白是東窗事發，眼看公司江河日下，只得忍痛辭職而去。

T 公司的總裁憑著區區一張照片，去掉了心腹大患。這要歸功於他借的刀是一把鋒利的刀。這把鋒利的刀只有透過生活嚴謹的古板老人之手，才會發揮作用。試想：若 D 公司總裁也是生活放蕩之人，那 T 公司總裁的刀還會有「殺人」的功效嗎？

讓別人為你工作

在激烈的現代商戰中，「借刀殺人」演繹出了另外一種特殊的含義，即：借他人之力達到自己的目的。

錢財可以借，人才可以借，技術可以借，設備、資源都可以借。借助

他人雄厚的實力，作為自己鋒利的寶「刀」，去掃蕩一個個對手，讓所有的競爭者在自己面前俯首稱臣，攫取巨額的財富到自己的手中。

你想一想，靠你的薪水一分錢一分錢地累積生意本錢，不僅時間漫長，而且也很容易錯過機會。所以，在艱苦地累積原始資本的同時，還應該善於借用別人的錢來為自己賺錢。在今日，最聰明的做法是借銀行的錢，因為，銀行到處都有，並且它們都有十分充足的資金供你借用。

遺憾的是，能賺錢的人雖不少，但善用銀行的錢賺錢的人卻不多。

銀行的錢，存與貸都要計息。存與貸之間的利息差額就是銀行的利潤和生存資本，所以不少商人會為了要歸還銀行貸款利息，整天自嘲地說：「在幫銀行工作。」其實這是一種極大的誤解。為什麼？因為靠自己的薪水存錢做生意只能一步一頓地往前爬行，成不了大氣候；要能善用債務作槓桿，生意才能有大的發展。

借用銀行的錢賺錢，不僅僅是用來買賣周轉，最重要的是借銀行的錢去投資。而能借到銀行的大筆資金去投資的人絕對要有信用，沒有信譽度的人是不可能借到銀行半分錢的。

白手起家的富豪阿克森斯原是一位律師，他的財商高於常人。有一天，他突發奇想，要借用銀行的錢來賺大錢。於是，他走進一家銀行，找到銀行的借貸部經理，說要借一筆錢修繕律師事務所。由於他在銀行裡人面關係廣，因此，當他走出銀行大門的時候，手裡已經有了 1 萬美元的支票。

一走出這家銀行，阿克森斯緊接著又進了另一家銀行，在那裡，他存進了剛才借到手的 1 萬美元，這一切總共才花了 1 個小時。看看天色還早，阿克森斯又走進了第三家銀行，重複了剛才發生的那一幕。這兩筆共 2 萬美元的借款利息，用他的存款利息來還，大致上也差不了多少。過了

幾個月之後，阿克森斯就把存款取出來還債。此後，阿克森斯在更多的銀行玩弄這種短期借貸和提前還債的把戲，而且金額越來越大。不到一年，阿克森斯的銀行信用已經「十足可靠」，非常容易就能借出 10 萬美元以上。他用貸來的錢買下了費城一家瀕臨倒閉的公司，幾年之後，阿克森斯成了費城一家出版公司的大老闆，擁有 1.5 億美元的資產。

可見，運用智慧可以增加信譽，信譽高了就可以借錢，可以成為銀行的「雇主」，讓銀行為自己工作。

雖然我們並不提倡過於毒辣的舉措，但從這些事例中，仍能得到有益的啟迪。那些高超的智慧，強悍的手腕，都能有助於我們掌握自己前進的方向。

懂得此計，並非要我們變得心狠手辣，個個都去「借刀殺人」，但即便是一個真正的君子，也時時刻刻會有被對手以這種方法殺掉的危險，也時時刻刻會有糊里糊塗地被人當「刀」使用的可悲遭遇。

即使自己不去「借刀殺人」，也要提高警惕，謹防自己成了「借刀殺人」者的目標！

● 以逸待勞

在激烈的市場競爭中，要始終保持良好的心態，冷眼面對各種誘惑，忍受寂寞，不直接進攻，而是想方設法地調動、控制、消耗、拖垮對手，使自己始終處於主動地位。以不變應萬變，靜待時機，以便創造自己的市場。

面對對方咄咄逼人的攻勢，我方該怎麼辦？

迎頭痛擊固然痛快，也有可能凱旋而歸，但畢竟要極大地消耗自己心力，太不划算。更何況如果敵強我弱，則無異於以卵擊石。

那就用用「以逸待勞」之計吧！無數古代軍事家的智慧賦予了它豐富的內涵，至今仍讓人津津樂道。但值得注意的是：「以逸待勞」的「逸」並不是徹底休息，而是養精蓄銳，韜光養晦，於不動聲色中壯大自己；「以逸待勞」的「待」，也不是消極地等待。天天做夢盼著對方失敗是不現實的，而是應開動腦筋，運用巧計，牽著對方的鼻子走，拖垮對方，為自己創造出擊的時機。

淘金熱中的悲喜劇

在那場席捲全美國的「淘金熱」中，戴比賣掉全部家產，也加入到這股洪流中。

上天眷顧，他僥倖地發現了金礦。於是他立刻行動，走訪親友籌措資金，購買開採工具，挖出了一車車的金礦石。

然而他的笑聲還未終止，金礦卻忽然枯竭了。他率人挖啊挖，竟是一無所獲。他徹底失望了。

舊貨商人漢斯冷眼旁觀，以逸待勞，果斷地收購了戴比的所有開採工具。當戴比心灰意冷地離去時，漢斯重新開工繼續挖。沒過多久，蘊藏量極為豐富的金礦脈就被開採出來了。

結果，戴比仍是個窮光蛋，而漢斯卻成了巨富。原來此處是斷層型礦脈。

是老天捉弄人嗎？不對！

當戴比忙得一塌糊塗時，漢斯並沒有閒著。他僱了一個技師專門來勘探礦山，借助科學的力量，確定了此處金礦的性質。正因為這樣，他才有信心繼續在這裡開採下去，並獲得巨額財富。

可見，漢斯是深刻領會了「以逸待勞」的真諦，才能輕輕鬆鬆地成為巨富。而戴比雖然耗費了大量的人力財力，並僥倖地發現了金礦，卻與財富失之交臂。

一個躊躇滿志腰纏萬貫，一個灰心喪氣一貧如洗，天地差別的結局，全因為對「以逸待勞」之計的理解不同。

正因為自始至終漢斯都處於主動地位，不動聲色地做著自己的事情，才大獲成功；而戴比忙忙碌碌，卻不過是在發財夢的驅使下被動地去做，才落得可悲的下場。

讓自己始終處於主動地位，掌握好自己的行動，才能有目的地調動對方，消耗對方，讓對方暈頭轉向，做了自己想做的事情。

人們常說：「商場如戰場。」在這個你死我活的戰場上，又埋葬了多少失敗者的血淚？一步之錯，可鑄成終身大錯，當我們為戴比嘆息之時，也不禁要為漢斯豎起大拇指。

耐得住寂寞和誘惑

置身商海，常常身不由己地受到各種誘惑。別人一朝暴富的巨大吸引力，熱門商品財源滾滾的耀眼光環，都可能使自己不由自主，頭腦發熱，做出錯誤的行動。

要記住，良好心態是很重要的，千萬不要頭腦發熱。這就是「逸」字的真諦。

在喧囂的市場競爭中，若想完全做到「逸」字，其實是說著容易做著難。必須忍受寂寞，忍受別人一窩蜂地去追趕浪潮、而自己置身事外的寂寞，忍受別人突然暴富而自己仍一無所獲的寂寞。

就算心癢難耐，情難自控，仍要忍受。

只有耐得住寂寞和誘惑，你才真正做到了「逸」，悟透了「逸」，你才能真正靜下心來，冷靜地思考對策，當別人筋疲力盡一無所獲時，取得別人意想不到的財富。

再舉一個淘金的例子吧！

比爾也是懷著發財美夢加入到淘金狂潮之中去的其中一位。他一無所有，沒有資金、器具和技術，只是拚命地挖，結果一無所獲。搞得又窮又累又餓又渴，他必須另謀出路。

他靜下來冷靜思考，終於找到了一條賺錢的路：賣水。

他從遠處的小鎮運來廉價的水，賣給淘金者。物以稀為貴，在那片荒野上，水的生意居然出奇的好。

然而他卻招來了無數淘金者的嘲笑。大家千里迢迢來淘金，都是為發大財，為什麼要做這種小買賣呢？任別人怎麼嘲笑，他都不為所動。

他的耳中也不時會聽到有人淘金暴富的消息，別人都羨慕得眼紅，他

只是微微一笑，繼續賣他的水。

發大財的誘惑他忍住了，無人理解的寂寞他耐住了，日積月累，他漸漸地發了財。

靠淘金暴富的畢竟是少數，當大多數淘金者心力交瘁地離去時，比爾已成了富翁。再也沒有人會嘲笑他了！他以逸待勞，同樣獲得了成功。

無獨有偶，當股票逐漸為一般民眾所認識時，炒股熱潮驟然升溫。如同淘金一般，數百萬人一夜間都成了股民，為股市的漲漲跌跌而提心吊膽。

在股市跌打滾爬，發大財的畢竟是極少的一部分，大部分股民只能是套牢再套牢，賠錢再賠錢。

與此同時，在證券公司門口賣財經報紙的、賣便當的，都不動聲色地發了財。而那些做股評的、開課的、提供證券諮詢的，也均神不知鬼不覺地賺進了大把的鈔票。

他們真正地做到了「逸」，他們面對股市的升沉起伏心靜如水。別人靠炒股暴富時，他們不會頭腦發熱，一窩蜂地去追逐；所以當別人賠錢損兵折將時，他們也不會有這種痛苦。

耐得住寂寞和誘惑，他們每天都能賺到一筆錢，雖然不是很可觀，但日積月累，積少成多。當別的股民揮淚空手告別股市時，他們已經成了富翁。

保持良好心態，冷眼面對各種誘惑，在寂寞中尋求成功的機會，這就是「逸」字的妙用。

不動聲色地拿來

我們所說的「以逸待勞」，是要諸位不要消極地「待」，而要勤動腦筋，主動地做。這就是魯迅先生所宣導的「拿來主義」。對我有用的，一定要想方設法地拿來，且要不動聲色地拿來。

第二次世界大戰結束以後，日本的經濟得到了長足發展，直到今天成為世界經濟巨人，這其中最關鍵的手段就是「拿來」，從美國學習新技術，把美國人剛開發出來的新產品拿過來，投入到日本市場。

連日本人都自己開玩笑說：「美國人一打噴嚏，日本人就要得肺炎。」這話多少有點自嘲的味道，但我們仍然不能不敬佩日本人的高明。

取之於對方，用對方的技術壯大自己，一本萬利，實在是「以逸待勞」最好的範例。如果運用得好，就會像日本一樣神速崛起；運用得不好，頂多落得個損人利己的結局。

近 30 多年，日本共從西方國家引進數萬項生產技術，只花費的資金了若國家專門為此研製將要花費的 1/30。但這些技術卻給日本帶來了巨額的財富，使日本一躍成為世界經濟強國。

要拿來，大膽地拿來，凡是對我有用、能為我帶來巨大收益的，都要毫不遲疑地拿來。不僅拿來先進技術、管理經驗，還要拿來人才、資金等等。在「拿來」的熱潮中，請不要退縮，也不要猶豫！

但是，有一些企業「拿來」的效果卻很不理想，甚至「拿來」了別人早已淘汰的產品和技術，反而使自己背上了沉重的包袱。

有必要提醒諸位，在拿來的時候切忌頭腦發熱，正如魯迅先生所說的，要有所鑑別，有所比較，有所創新。把有用的拿來，切記不要拿回一堆破爛無用之物。

日本人是世界上實行「拿來主義」最成功的，下面就來看日本人是如何拿來的吧！

有一個日本老闆，他在國外結識了許多朋友，每年都要到各地的朋友那裡住幾天，看一看，逛一逛。這天他到了美國的一位朋友家裡小住，一住下就參觀朋友的住宅，以便從中發現去年沒有而今年新添置的物品。

他逛了臥室、客廳、廚房、車庫，連廁所也不放過。一旦有所發現，他就提出一連串的問題：「為什麼要買？」「感覺怎麼樣？」「有什麼優點？」……

有一天，他發現了一種新型的袖珍電腦，經過詳細詢問和反覆考察，他斷定，這種袖珍電腦大有前途。

他馬上找到生產工廠，簽訂了訂貨合約，買下了技術專利。這種袖珍電腦一在日本市場推出，立刻風行一時。他大大地賺了一筆錢。

這就是鑑別的好處。

不僅要鑑別，還要反覆比較，擇優汰劣。拿來之後，還要很快地加以研究，進行創新，使拿來的技術、資金、人才等等轉化成自己的東西。

日本人正是深通此道，才把大量的先進技術果斷拿來，變成了自己的產品，再推銷到國際市場之中去，獲取非凡的經濟效益。

要廣泛搜集各種商業資訊，根據市場的實際情況和自身的發展需求，有針對性地拿來。要防止盲目引進，也要警惕踏入對方設下的陷阱，導致自己「賠了夫人又折兵」。

時刻保持清醒的頭腦，不錯失時機地實施「拿來主義」，必將使你在激烈的市場競爭中如虎添翼。

不當急先鋒

先發制人有先發制人的奇效，但比別人慢半拍，也常常會收到意想不到的效果。

這就是「以逸待勞」的妙用：讓別人先忙去吧！我且悠哉悠哉，當果實快要成熟時，再伸手去摘。

於是就有了「後發制人」之計。

日本的日產汽車公司一向以「先發制人」為宗旨，投入大量的人力物力，生產出了日產 Sunny 汽車。又花費巨額資金，不遺餘力地進行廣告宣傳，受到了世人的關注。

而豐田汽車公司卻一直不動聲色地按兵不動。當日產公司的廣告宣傳鋪天蓋地之時，豐田汽車公司樂得心花怒放。因為日產公司的廣告攻勢吸引了全日本人的關注，激發出對汽車空前地消費欲望。

既然日產公司有關汽車的廣告宣傳已經使豐田汽車公司間接受益，豐田汽車公司又有何必要再投入巨額資金去做宣傳呢？

豐田汽車公司開始行動了。他們研究了 Sunny 汽車的優缺點，設計出了更勝一籌的 Corolla 汽車，雖然比 Sunny 汽車慢了半拍推出，但由於人們對汽車的空前迷戀，使得 Corolla 汽車很快地供不應求，獲得了巨額的收益，令日產公司甘拜下風。

日產汽車公司出力卻不討好，豐田汽車公司則巧借東風一本萬利，「慢半拍」竟如此神奇，使咄咄逼人的「先發制人」偃旗息鼓。

在把產品推向市場之前，一定要深思熟慮。有時搶先一步會大獲成功，有時卻恰好相反。因為盲目先動的結果往往會給對手留下可乘之機，導致自己敗走麥城。

「黃雀捕蟬，螳螂在後」，在後的螳螂常常是最後的勝利者。

當別人競爭得難分軒輊時，自己不妨先行退後，冷靜觀察，仔細盤算，尋找對方的漏洞，以便乘虛而入。這就是以逸待勞，也就是後發制人。

美國石油大王洛克斐勒深信：打前鋒的賺不到錢。他常常採用「慢半拍」的策略，竟獲得意想不到的成功。

美國南北戰爭時期，洛克斐勒還是一個 23 歲的青年，就成為石油中間商。當別人奔向賓夕法尼亞爭先恐後地開採石油時，他則不為所動，結果那些人中亡命破財的比比皆是，他卻安然無恙，保存了實力。

之後，他憑著自己的實力果敢出擊，採用逐一擊破的策略，窮畢生精力，終於壟斷了美國石油市場，成為名副其實的「石油大王」。

這些成功經驗告訴我們：凡事三思而行，與其匆匆忙忙地做出決定導致失敗，還不如靜下心來深思熟慮，即使比別人慢了半拍，還是會有大獲成功的機會的。

有句老話曰：「磨刀不誤砍柴工」，講的就是這個意思。

● 趁火打劫

什麼是商機？就是在稍縱即逝的市場中取勝的良機。而這種良機，更主要地出現在對方因主觀、客觀的原因而處於不利境地的時候。

「趁火打劫」，就是趁對方之危，主動擠垮對方，戰勝對方，至少也要從對方的危難中撈取一定的好處。

趁經濟危機發大財

美國華爾街大亨摩根就曾運用此計，使美國總統乖乖就範。

1770 年代，美國爆發了駭人聽聞的經濟危機，倒閉的公司不勝其數。到了 1780 年代，金融危機的爆發更使美國的經濟雪上加霜，國庫空虛，乃至於無力償還債務。為了挽救危機，政府至少要動用 1 億美元。

這場危機給了摩根一個千載難逢的良機。摩根專門組建了一個辛迪加，專門承辦黃金公債，以解救政府危機的名義，圖謀高額利潤。

但摩根的條件太苛刻了，美國國會不予通過，總統也接受不了。

美國財政部長以發行 5,000 萬美元公債的方式，想謀求另一條出路，但由於摩根等人的堅決抵制，發行失敗。

總統無計可施，只好把摩根請入白宮談判。摩根早已探明國庫僅僅剩下 900 萬美元，已經極度空虛，所以更是毫不讓步，悠閒地抽著雪茄，以最後通牒的方式逼總統屈服。

要就接受摩根的苛刻條件，以摩根雄厚的實力來挽救危機；不然就拒絕，任由國家財政進一步惡化。

總統急得坐立不安，每隔五分鐘便藉口去洗手間，走到另一間房間

中，和財政部長商量對策。

結果，在摩根咄咄逼人的攻勢與國庫空虛不堪一擊的窘境面前，總統完全屈服了。摩根拿出巨資幫助財政部度過了難關，而摩根則在承包下的公債交易中淨賺 1,200 萬美元，並從一項特別爭取的國際協定中，得到了更大的好處。

這已不是一般的強盜了，而是大盜、巨盜，趁火打劫居然「劫」到了國家的頭上，摩根可真是膽大包天。

雖然絕大多數的商人都不會像摩根那樣膽大妄為，這種發國難財的做法也應該被反對，但當競爭對手出現經營上的危機時，趁機大舉出擊，這是法律允許的。

1960 年代，香港地產業一度大幅下滑，許多地產公司倒閉，地產市場一落千丈。

面對地產公司極度混亂、極度困難的狀況，一家叫做「永業企業有限公司」的老闆卻果斷地闖入了地產界。幾年後，又重組為「新鴻基有限公司」，他瞄準那些瀕臨倒閉的地產公司，以極其低廉的價格，大量買進樓房和土地。

一家家地產公司就此消失了，「新鴻基」擁有的樓宇卻越來越多，土地面積越來越大。

從 1968 年開始，地價開始回升，逐漸迎來了地產業的又一個黃金時期。「新鴻基」將所持樓房高價出售，獲得了 5.65 億港幣的巨額收入。

要知道，這時「新鴻基」才剛剛成立 8 年，實際資金僅有 300 萬港幣。但「新鴻基」居然獨霸了香港工業房地產市場，讓市場人士佩服得五體投地。

這樣的「趁火打劫」同樣出類拔萃。「新鴻基」的成功告訴我們：

當對方遭遇困境時，不僅要有「打劫」的勇氣，還要有「打劫」的正當方法。

利用戰爭發橫財

美國石油大王洛克斐勒就曾利用戰爭發了一筆橫財，極大地擴充了自己的實力。

普法戰爭的突然爆發給石油行業帶來了空前的災難。當時，作為主要運輸工具的車、船仍把煤炭當作主要燃料，油價急劇下跌。雖然採取了停產保價的措施，但由於石油生產協會的各會員唯利是圖，偷偷開採的事件時有發生，更造成油價一跌再跌。

洛克斐勒瞄準了這個天賜良機果斷出擊，把同行中能擠垮的一舉擠垮，再加以吞併，極大地擴充了自己的實力，向石油行業霸主的地位邁進了一大步。

正如洛克斐勒所津津樂道的那句名言：「當紅色的薔薇含苞待放時，唯有剪去四周的枝葉，才能在日後一枝獨秀，綻放成豔麗的花朵。」

戰爭的疾風暴雨無情地摧殘著石油行業，這時洛克斐勒揮動他那鋒利的剪刀，對準正在凋零的其他花朵無情地剪去，從而讓自己這朵「薔薇」綻放成了獨一無二的花朵，直到最終成為石油行業的霸主。

戰爭是這樣，天災也同樣如此，極度的混亂往往為有識之士提供了大發橫財的機會。

1875 年春天，墨西哥發生了大規模的瘟疫流行。從事肉類加工業的亞默爾從報紙上得知這一消息，他迅速派自己的家庭醫生前去調查，結果證實消息無誤。

　　機會來了。亞默爾推斷，這場瘟疫一定會經過德克薩斯州和加利福尼亞洲傳染到美國。作為肉類供應重要基地的這兩個州，在瘟疫襲擊之時，肉價一定會大漲特漲。

　　亞默爾當機立斷，抽調全部資金，搶購這兩個州的肉牛和生豬，然後把它們全部運送到美國東部。

　　果然不出亞默爾所料，瘟疫迅速擴散到了美國。這兩個州的一切食品禁止外運，造成肉類極其短缺的罕見局面，肉價一漲再漲。

　　亞默爾將手中的肉食全部高價拋售，淨賺 900 萬美元，而這個過程僅僅只有幾個月。

　　利用瘟疫對肉食品加工業的打擊這把「火」，亞默爾「打劫」到了巨額的財富。

　　我們所處的世界並不和平，時時刻刻面臨著天災人禍的威脅，在這些威脅面前，精明的商人絕不會束手無策，而會把它看作一次絕佳的發財良機。

　　利用天災人禍亂中取利，能使我們很快地擺脫生存危機，成為同行業中的佼佼者，脫穎而出。

創造機會而趁機取勝

　　當競爭對手緊密團結、生產銷售井井有條時，就要想方設法創造機會，讓對方陷入混亂境地，再趁機取勝。

　　米其林公司因為率先開發了輻射層樹脂技術，在樹脂市場上獨領風騷，眾多的小型公司因為成本高、技術低、品質差，處於明顯的劣勢，紛紛倒閉。

那些苟延殘喘的小公司眼看也難逃覆沒的命運，該怎麼辦呢？米其林公司過於強大，正面進攻勢必失敗，目前又無機可乘，不存在趁火打劫的條件。

這些小公司靈機一動，決定採用創造機會的策略。於是，它們紛紛仿效米其林公司生產輻射層輪胎，真假難辨，推出到市場上，果然吸引了顧客。米其林公司叫苦不迭，卻無計可施。這些小公司趁機獲利，避免了覆滅的命運。

這種生產仿製品的做法只要不觸犯法律，不侵犯別人的專利和商標，在萬不得已時也不妨一用。

杜邦公司曾是美國最大的火藥製造商和供應商，一度幾乎壟斷了整個美國火藥市場。

誰能想到，這家實力雄厚的大公司，竟被一個微不足道的小公司搞得土崩瓦解。

這家小公司名叫巴卡伊火藥公司，其老闆瓦德爾曾在杜邦公司效力多年。

杜邦公司敗就敗在對方的「趁火打劫」上，而且還是「沒有火，就製造火」的這種類型，敗得實在太慘太冤枉。

巴卡伊火藥公司的迅速發展使杜邦公司坐立不安，杜邦公司試圖收買巴卡伊火藥公司，被瓦德爾一口拒絕。

不久，巴卡伊火藥公司突然發生了大爆炸，損失慘重，還賠上了幾條人命。

沒有任何證據能證明是杜邦公司做的，儘管瓦德爾認定杜邦公司是元兇，但卻無法把對方繩之於法。

瓦德爾橫下心來，勢要把杜邦公司拉下馬。但對方勢力太強大，在火

藥市場上處於獨霸地位，幾乎沒有任何機會可以利用。

瓦德爾利用曾在杜邦公司工作的職務之便，弄到幾份絕密文件。他聘請了著名律師，將杜邦公司告上法庭。

罪名之一是，杜邦公司騙取海軍技術部的無煙火藥專利，以低價生產，以高價賣給軍方，從中獲取暴利。杜邦公司還與海軍、陸軍相關負責人合謀，藉由建造新廠的預算案，從中謀利。

罪名之二是，杜邦公司向總統行賄。

總統收受賄絡的消息一傳出，舉國震驚。瓦德爾點起的這把沖天大火，頓時把杜邦公司燒得焦頭爛額。

經過長達五年的審判，杜邦公司以違反《休曼反壟斷法案》的罪名，被肢解成三家公司。

杜邦公司土崩瓦解，瓦德爾趁機取利，很快在火藥市場上擴大了自己的市占率，公司業務飛速發展。

瓦德爾這把火點得好，點在了對方的致命處，不僅以小勝大，以弱勝強，徹底擊垮了對方，而且還趁火打劫，使自己的公司迅速壯大起來。

不要以為「趁火打劫」只是強盜式的莽撞做法，要運用得法，也是相當不容易的。需要有過人的眼光，還需要有過人的膽識，才能在對方的致命處「點火」，才能抓住恰當的時機「趁火打劫」。

聲東擊西

在「聲東擊西」的行動中，「東」只是佯攻的目標，是用於干擾對方決策的疑陣，而「西」才是主攻的真正方向。為了掩蓋真正的主攻目標，我方總要虛張聲勢，在佯攻的方向大做文章，吸引對方的主要注意力。

「聲東擊西」的成功與否，在很大程度上取決於在佯攻方向上虛張聲勢的效果如何，以及故意布下的這個疑陣能否成功地迷惑對方。

在市場競爭中巧用「聲東擊西」，所獲得的收益絕不比直接開戰取勝遜色。精明的商家深深懂得這個道理，為了迷惑競爭對手而故布疑陣，虛張聲勢，其手法之新穎獨特，所引起輿論之轟轟烈烈，常常令人瞠目結舌。

瞄準進攻點

2003 年 8 月，高雄某進出口公司從國外進口 300 萬噸塑膠原料。該原料物美價廉，各大工廠競相訂貨，該公司透過經營該商品也獲利頗豐。遺憾的是，由於國外延期交貨使該公司失去幾次展銷良機，蒙受了一定量的經濟損失。但為了雙方長久友好的貿易往來，我方並沒有聲張。

10 月，塑膠製品在國內供不應求，該公司再次與外商洽談進口該產品 300 萬噸事宜，為了降低進口商品的採購成本，提高公司的盈利，該公司希望對方能降低價格 5%。他們當然知道，在國際市場未發生變化的情況下，若在雙方談判一開始就提出該要求肯定會遭到對方拒絕，對方斷難接受，必須採用一定的談判技巧，迫使其就範。

於是，我方經過研究，找到了問題的突破口，設計了一套頗為周密的

談判方案。談判一開始，我方就在上次 300 萬噸貨物延期交貨一事上大做文章。我方說：「由於你們上次延期交貨，使我方失去了幾次展銷良機，從而導致我方遭受了重大的經濟損失。」對方聽後，以為我方會提出索賠要求，自然心慌意亂，急忙解釋延期交貨原因，並表示歉意，爾後便心神不安地等著我方的反應。

見時機已經成熟，我方趁機提出壓低進貨價的要求，明確指出希望上次延期交易的損失能透過這次減價 10％來彌補（故意多說了 5％）。對方起先不同意，但我方又以增加 300 萬噸貨物為籌碼，與其進行談判。談判的最後結果是對方降價了 6％，我方取得了比預期還要理想的結果。

老練的談判者在談判中常常先強攻對方薄弱環節，使對方顧此失彼，首尾不能相接，在方寸大亂之下不得不妥協。我方談判者正是巧妙地運用了「聲東擊西」之計使談判一舉成功，達到了預期的目的。

「東」是一種表象，「西」才是目的，要達到「西」的目的，就要分散對方注意力。商業談判中，想成功地運用此計的話，既要注意積蓄力量，等待時機，又得確實搔在對方「癢處」，避免過早地暴露自己意圖。

故布疑陣

1950 年代，一家美國公司就曾別開生面、虛張聲勢地取得了「聲東擊西」的空前勝利，為世人所津津樂道。

當時，這家公司製造了一種新產品，準備推入市場，然而由於這家公司勢力單薄，人微言輕，不被公眾所注意。老闆靈機一動，想出了「聲東擊西」之計。

當時恰逢美國一顆人造衛星研製成功，準備發射升空，這家公司的老

闆抓住這一時機，堂而皇之地寫信給美國五角大廈，請求用高價在衛星上做一個廣告。

這個要求過於荒唐，五角大廈自然置之不理，但卻作為一則笑話傳誦一時，還被好事的記者當作花邊新聞登在報紙上，傳遍了全國，這麼一來居然使這家公司聲名大噪，新產品也很快打開了銷路。

這家公司的老闆同時採取兩個行動：為新產品創造銷路，在衛星上做廣告。其中打開產品銷路是主攻，在衛星上做廣告是伴攻，由於伴攻的聲勢過於強大，居然迷惑了全國人民，使自己輕易地達到了主攻的目標，這次的「聲東擊西」獲得了空前的成功。

無獨有偶，日本 M 咖哩公司也巧妙地大造輿論，故布疑陣，獲得了「聲東擊西」的輝煌戰果，使自己由一家默默無聞、艱難生存的小公司一躍成為國內外享有盛譽的大公司。

由於咖哩市場供過於求，競爭相當激烈，M 公司的產品大量滯銷，經營陷入困境。總經理田中先生走馬上任，為了改變困境苦尋著出路，直到有一天他受到了成功企業的啟發，得到了靈感，炮製出了一條轟動一時的「聲東擊西」之計。

田中先生在日本幾家最大的報紙上同時刊出巨幅廣告，聲稱將僱用幾架直升機，把本公司的咖哩灑到白雪皚皚的富士山頂，改變富士山的顏色。

這些廣告一經刊出，頓時輿論譁然。日本舉國上下皆把攻擊的矛頭一致對準了 M 公司：富士山是日本的象徵，豈能容人如此玷汙！儘管有少數人看穿了田中的詭計，知道他是在虛張聲勢故布疑陣，但對於他如此膽大妄為、大放厥詞還是深表不滿，紛紛加入了譴責的行列。

在一片譴責聲中，M 公司的大名如雷貫耳，響徹全日本。等到預定飛

到富士山頂灑咖哩的前一天，M 公司又在各大報紙上發出了一個聲明：
「親愛的國民們，我們本來打算美化一下富士山，沒想到民眾如此反對，
考慮到社會民意，我們決定撤銷原來的計畫。」

日本公眾欣喜若狂，以為自己大獲全勝。M 公司也同樣在興高采烈地
慶賀著勝利，因為這個結果完全在田中總經理的預料之中。

田中根本就沒打算要改變富士山顏色，因為只怕把全公司的咖哩全灑
完，也做不到，更何況富士山是日本的象徵。他完全是在虛張聲勢，散布
疑陣，把這個轟轟烈烈的舉動作為佯攻，而主攻的方向還是為本公司產品
打開銷路。

結果，他完全達到了他的目的。M 公司狂妄的口氣、驚天動地的計
畫，震驚了日本上下，使許多廠商甚至小商販都誤以為 M 公司實力雄厚，
財大氣粗，於是紛紛前來洽談購貨，爭先恐後地與 M 公司合作。M 公司
的咖哩雖然並不出眾，居然一時供不應求。短短幾年，M 公司果真就發展
成了一家實力雄厚、財大氣粗、在日本國內外具有極大影響力的大公司。

在富士山上灑咖哩，改變富士山的顏色，這一個驚天動地的舉動無疑
是虛張聲勢、故布疑陣，由於這一舉動過於驚世駭俗，竟把打開產品銷路
的主攻方向完全掩蓋住了。佯攻的聲勢造得越大，主攻就越有把握成功，
M 公司的成功有力地證明了這一點。

在市場競爭中使用「聲東擊西」，是以機智戰勝對手、打開產品銷路
占領市場的有效手段，若想獲得極大的成功，大造輿論與故布疑陣，必不
可少。

從捕魚到捕魚表演

在塞爾維亞的一座小鎮附近有 7 個湖泊,幾年前,當地的漁會往這些湖裡投放了大量魚苗。兩年之後,6 個湖中的魚都漸漸長大,但有一個湖中竟然一條魚也沒有,引起人們的種種猜測,漁夫們斷定「魚被湖怪吃了」。後來,專家在此進行調查,發現湖裡有一條重約 120 ～ 200 公斤的大鯰魚,這條魚專吃小魚和貝類,怪不得魚苗在此絕跡。2003 年春季,當地的漁會決定捕抓這條鯰魚,並特意從多瑙河請來了 5 位捕魚能手。

這個奇特的消息不脛而走。當地的旅遊部門正在為了本年度遊客減少而發愁呢,在得知這一消息後,眼前不由一亮,這是個千載難逢的機會呀!何不抓住這個有利時機大肆渲染一番呢?於是他們在報紙上報導了有關湖中出現的奇怪現象,並登載了流行在漁民間有關「湖怪」的傳說,人們從各種新聞媒介中了解了「湖怪」 —— 大鯰魚的存在,知道將有優秀的漁民前去捕捉,都饒有興趣地關注著事態的發展。

捕魚的日子定在 7 月 8 日。這一天,鄉村的路上車水馬龍,成千上萬的遊客蜂擁而至,他們被那條神奇的湖怪所吸引,站在岸邊目睹著這場漁夫與鯰魚的決鬥。

那場面是非常激動人心的,儘管漁夫們費了九牛二虎之力,但仍無法擒住這個龐然大物。當決鬥進入白熱化時,遊客們簡直入了迷,他們對漁夫們的每一次失利都報以掌聲,當被撕成碎片的漁網露出水面時,岸上立即響起暴風雨般的喝彩。不過,看得入迷的人們並沒有忘掉口渴與飢餓,在一天的時間內,他們喝光了 30,000 瓶飲料,吃掉了 20,000 張烤肉餅,旅行社負責人毫不掩飾內心的喜悅,他驚喜地說:「居然在一天內完成了一年的目標。」

　　鯰魚獲得了第一場決鬥的勝利，但漁民們並不甘心失敗，正準備著新的決鬥。正當此時，遊客的興趣絲毫未減，為了吸引更多的遊客，旅遊部門在湖邊搭起帆布餐廳和咖啡店，繼續在報紙上大肆宣傳，越來越多的遊客紛至遝來，想要觀看引人入勝的下一場決鬥，這給旅遊業帶來了可觀的經濟效益。

　　據說，這 5 名捕魚能手已與漁會簽訂了一項為期一年的工作合約。看來，漁會不打算盡快抓到大鯰魚 —— 也許他們現在根本就放棄了捕殺它的念頭。至於原因，相信聰明的讀者一定能悟出。

從「深藍」到「更深的藍」

　　加里・基莫維奇・卡斯帕洛夫被世人公認為是當代國際西洋棋史上最著名的棋手，他 17 歲即成為國際西洋棋特級大師；21 歲奪得他第一個國際西洋棋世界冠軍；1995 年第二次衛冕冠軍成功。

　　1985 年，美國國際商業機器公司研製的每秒鐘可以運算 200 萬步棋的電腦「晶體測試」第一次向卡斯帕洛夫邀戰，結果卡氏以 2：0 獲勝。1989 年，新一代晶體測試 ——「沉思」又被卡斯帕洛夫打敗。1993 年，國際商業機器公司的「深藍」問世，又與卡斯帕洛夫交手，不幸以 1：5 敗北。但在 1997 年 5 月 3 日至 12 日的第四次交手中，「深藍」從第 3 盤起，在主人的操縱下連續 3 次逼和卡斯帕洛夫。而在決勝局中，卡斯帕洛夫於最後關鍵一局第 19 手棄子投降。棋王在會後表示他在觀察電腦下棋時感覺電腦的決定有智慧型及創意，是他所不能理解的。他亦認為電腦在棋局中可能有人類的幫助，因此棋王要求重賽。但國際商業機器公司拒絕，並迅速將深藍拆卸，使卡斯帕洛夫無法報仇。

卡斯帕洛夫對自己很快就認輸懊惱不已，但他更想不到的，是自己被巧妙地利用進了精心謀劃過的國際商業機器公司行銷公關策略中。

「深藍」的主要設計者在賽後說：「我們成功了。這次比賽為我們提供了一次展示國際商業機器公司技術的機會。所有的主要電視網都做了報導，包括中國、俄國、德國、英國在內的 20 個國家都報導了這件事。這是一個絕好的市場開拓和宣傳的機會，可以說，這一回『深藍』贏了，那麼國際商業機器公司自然也就贏了；即使『深藍』輸了，那麼贏家仍是國際商業機器公司。」

的確，當「人機大戰」酣戰之時，人們盯著那臺每秒可以分析 2 億步棋的「深藍」時，誰也沒有意識到自己在不知不覺中已被國際商業機器公司所吸引，接受並認可了國際商業機器公司的產品。有資料顯示，國際商業機器公司此次花了近 500 萬美元在包括廣告費、獎金以及編寫電腦超級程式在內的費用。然而由於傳媒在有關「人機大戰」的眾多報導中必然常提到該公司的名字，為此公司既可節省大約 1 億美元的廣告費，又使自己的形象增加新的光彩。「深藍」的勝利和國際商業機器公司所進行的廣告戰已經帶來初步的物質成果：比賽結束的第二天，紐約證券交易所該公司的股票價格就上升了 3.6 個百分點。

現在，國際商業機器公司已經開發出「更深的藍」並再顯神威。隨著國際商業機器公司為這個藍色巨人不斷地舉辦人機大戰，國際商業機器公司的名聲日益遠揚。

無中生有

由虛而實，由假而真。在沒有條件時巧妙地創造條件，在沒有市場時獨闢蹊徑開拓市場。

「無中生有」本身就含有欺騙的意思，常被當作誇誇其談、造謠生事的代名詞。儘管這個詞這麼不雅，但在兵不厭詐的戰場上、在變幻莫測的市場中，還是大有用武之地。

巧用遺失信

人總是會對別人的生活感到好奇。簡單地說，這個點子是將人類潛意識中窺探他人隱私的欲望轉化為廣告優勢。既然好奇心是人類的共同特質，我們實在沒有理由不好好利用它。以下就有一個例子。

一家開在大城市郊區的大型家庭餐廳，在它剛開張時，就像當地的餐廳一樣，一開始就將行銷重點擺在如何讓附近居民知道這家店與它所在的位置上。為了達到目的，他們採取了各種不同方式的行銷手法，然而根據實驗證明，最有效的方法竟然是大規模地發放宣傳單。他們採取了與傳統的郵寄、派發宣傳單到信箱，或是直接發給目標顧客完全不同的形式，而是以「遺失信」的形式來吸引消費者的好奇心。所謂「遺失信」的方法只是將要寄給目標顧客的宣傳單，偽裝成一張某人原本要寄給友人信件的內容。換句話說，它並不完全是一張宣傳單，卻能非常有效地提高人眾的注意力和吸引新顧客到該餐廳嘗試看看。你一定很好奇遺失信的內容到底是怎樣的？以下是那間餐廳的遺失信內容：

說實在的，妳說的那件事我簡直是一點辦法都沒有，但是無論如何，

我非常了解芬芬，也相信她不用我們幫忙也能以她的方法解決。

　　妳知道嗎，我一定要告訴妳，有一家新開業的家庭餐廳叫做田園，它的食物看起來都非常美味、健康 —— 就像我媽媽煮的一樣。芬芬和志明跟我說他們已經去吃過，他們一致認定那是家非常棒的餐廳，因為它的菜單上總是有每個人想要吃的東西，而且價格很合理，有空的話我們應該去試試。

　　對了，妳知道筱燕和胖哥的事情嗎？胖哥上次出差時，因為及早處理好公事，就比預定日期還早一天回家，結果妳知道嗎？當他們走進客廳時，竟然聽到樓上房間傳來的一陣嬉鬧聲，妳絕對猜不到……

　　這種仿造私人信函的傳單內容都是一些親密的閒聊話語，用手寫出清晰的草寫字體，看起來就像一封真的信，而且像是某人原本已經寫好一封長達五六頁的信，但是不慎遺失的其中一頁。這封信內容最重要的地方是開頭和結尾兩段都要像是朋友間的閒聊，而這都是引發人們對信產生好奇心的陷阱，然後在信的中間一段或兩段內容中，要不經意地提及公司的產品與服務，並透過親切的口吻說出產品或服務的特色及好處。寫好信之後，再拿到影印機上複印（如果你有足夠的預算而且希望得到高品質成品的話，可以送去印刷），並將顏色調成藍色，讓信看起來更像是手寫的。有一個很棒的技巧可以讓信看起來更逼真，也就是將信的尺寸設計的和標準信紙一模一樣，最後將你的遺失信散發到目的地區域內每個人的信箱中，你可以單獨放進這張遺失信，也可以夾雜在免費報紙或類似資訊內。幸運的話，就算看到你的信的人會發現這是一封假的信（他們很有可能不會發現），但無論如何他們的好奇心早就促使他們拿起這張信，並且也看了它。

　　這封「無中生有」的信，使許多顧客記住了田園餐廳，並懷著好奇的心理前往消費。

1＋1＞2

有很多事物，只要把它們合理地組合在一起，就會產生新的價值。

「感溫湯匙」不過是把溫度計和湯匙這兩件東西拼起來而已，但是卻非常實用，很合乎人們的實際需求。美國加州製造小湯匙的青年在推出這種裝有溫度計的小湯匙後，也許是因為產品真的很理想，也或許是世界上急急忙忙餵嬰兒的母親太多的緣故，銷路極佳。這個青年因此發了大財，他的小工廠也發展成為規模宏大的企業。

上述點子是一種組合法。組合法是指從兩種或兩種以上的事物或產品中抽取合適的要素重新組合，構成新的事物或新的產品的創造技法。在自然界和人類社會中，組合現象非常普遍，組合的可能性亦無窮無盡。如橡皮擦和鉛筆的組合，有了帶橡皮擦的鉛筆。火箭和飛機的組合，產生了太空梭。愛因斯坦說過：「組合使用似乎是創造性思考的本質特徵。」組合創新的機會無窮，手段也很多，常見的有以下幾種：

- **同物組合**：是指兩種或兩種以上相同或相近事物的組合，特點是用來組合的物件與組合前相比，其基本性質和結構沒有根本變化，只是透過數量的變化來彌補功能上的不足或得到新的功能。

- **異物組合**：是指兩個或兩個以上科學領域中的技術思想或物質組合在一起，組合的結果帶有不同的技術特點和技術風格。異物組合實際上是異中求同、異中求新，由於其組合元素來自不同的領域，一般沒有主、次之分，參與物件能從意義、原理、構造、成分、功能等任何一個方面或多個方面互相融合，從而使整體發生深刻的變化，產生出新的思想或新的產品。

- **主體附加組合**：這是指以某一特定的物件為主體，增添新的附件，從

而使新物品的性能更好、功能更強的組合技法。這種技法容易產生新的組合想法，但不可能對原有事物產生有重大的突破與改進。

例如對普通手杖進行主體附加改裝，使其具有拄杖助行、照明、按摩、磁療、報警、健身防衛等多項功能。帶閃光燈的照相機，安裝載物架、車籃子、打氣筒的腳踏車等，都是運用了主體附加組合的技法。

運用主體附加組合時，可以參考以下步驟：

· 有目的、有選擇地確定主體；
· 全面分析主體的缺點或對主體提出新的期望和功能；
· 在不改變主體的前提下增加附屬物，以克服、彌補主體的缺陷；
· 思考能否透過增加附屬物，實現對主體寄託的期望；
· 思考能否藉由主體的功能，附加別的東西，使其發揮更大作用。

重組組合：這是指改變原有事物的結構組合方式，而使原有元素在不增加數量的情況下，改變原有事物的性質之組合。重組組合是在事物的不同層次上分解原來的組合形式，然後再以新的思考角度重新組合起來。特點是改變了事物各部分之間的相互關係。

在你的生活中，只要你加以留心，就能靠組合法創造自己幫賺錢的點子。

美國加州一位女商人荷希的一個女性朋友懷孕了，荷希想送個禮物表示祝賀。於是她將一條養金魚換水用的水管，兩端分別連接了一個漏斗及一個噴漆工人用的防護口罩，起名為「母親與胎兒的通話器」，送給了這位懷孕的朋友。原先她只是想跟朋友開個玩笑，豈料這個禮物大受歡迎，她的朋友真的利用它來跟胎兒談話，逗得大家哈哈大笑。

　　荷希經由向心理學家諮詢，了解到孕婦在嬰兒未出世前，利用自言自語的方法與胎兒談話將會對嬰兒日後的自信心有幫助，以及加強孩子出生後學習的能力。於是，她靈機一動，立即集資正式製造起這種「母子通話器」，並申請了專利權。產品上市後，大受歡迎。

　　一個漏斗、一根水管、一個防護口罩，便組成了這個點子的全部。你還認為賺錢的點子很難嗎？

　　指南針和地毯本是風馬牛不相及的兩件東西，比利時一個商人卻把它們結合起來，從而賺了大錢。

　　在阿拉伯國家，虔誠的穆斯林每日祈禱，無論在家、在旅行中，都從不中斷。穆斯林祈禱的一大特點是祈禱者一定要面向聖城麥加，於是一個比利時地毯商聰明地將扁平的指南針嵌入祈禱地毯。指南針指的不是正南正北，而是麥加方向。新產品一推出，在有穆斯林居住的地區，立即成了搶手貨。

　　比利時商人並不滿足已取得的成功，他在非洲又推出了織有元首頭像的小壁毯。因為他發現，在非洲國家的很多地方總要掛元首的照片，由於氣候溼熱，照片易發黃變形，如果根據元首照片織成壁毯，則既美觀又耐久。銷路也不用發愁，他已經製成了帶有博瓦尼（象牙海岸總統）、迪烏夫（塞內加爾總統）、比亞（喀麥隆總統）頭像的壁毯。他製出的阿拉法特頭像壁毯，在阿拉伯國家已賣出了數十萬張。

開孔挖槽有效果

日本一家調味品廠曾為了調味料銷量下降而犯愁，這時一位來買胡椒粉的家庭主婦抱怨說，胡椒粉使用時不方便，不是放多了就是放少了，要是能在胡椒粉的瓶蓋上開些小孔，放胡椒粉時就方便多了。調味品廠家按照這個主婦的話，在各種調味粉的包裝瓶蓋上都開了一些小孔。果然，調料銷售量大幅度上升，使這家企業走出了困境。

這家企業使用開孔的方法使產品成為富有創意的新物品。

美國的沃特曼對當時人們所使用的書寫時不太流暢的「自來水筆」進行了改造，他在鋼筆尖的中部鑽一小圓孔，並在圓孔與筆尖之間開了個細縫。這種新型鋼筆出墨流暢，很受市場歡迎，沃特曼也因此成為世界上的「鋼筆大王」。他的這一項改造，至今還在世界各國廣泛使用。

沃特曼採用挖槽的方法，賦予了鋼筆全新的生命力。

由此可見，在現實生活中，在沒有孔的東西上挖個孔，在沒有槽的物品上挖條槽，常常可以取得創新的效果。只要我們留意一下，有「帶孔」的產品確實不少：鞋帶孔、門上的貓眼觀察孔、壺蓋和杯蓋上的透氣孔、郵票分離齒孔、漏勺孔、鈕扣孔、⋯⋯

利用「挖槽」的創造發明也很多：我們在使用普通釘書機時會遇到訂書針用完時而空按的情形，開槽後形成帶觀察槽的雙排針釘書機就能避免這種情況；在普通鍋鏟上開出槽口，既能炒花生、豆類食品，又能很方便地在熱油中濾出燴鍋的調味料。

廚師的故事

美國加州蘭麗公司的蘭麗綿羊油在進入臺灣市場時，遭遇到前所未有的困難。為了扭轉局勢，蘭麗公司的臺灣代理商在報紙上刊登了一則廣告，畫面是用細膩線條畫的一隻手和幾隻羊。標題是：「很久以前，一雙手展開了一個美麗的傳奇故事！」並寫明故事的內容已被編成一本彩色的英語畫冊，另附一本中文說明，等待消費者來函索閱。

消費者收到畫冊，會看到一個很有趣的故事。故事的內容是：

「很久很久以前，在一個遙遠的地方，有一位很講究美食的國王。在皇家的御用廚房中，有一位烹飪技藝高超的廚師，他所做的大餐小點都極受國王的喜愛。

有一天，國王忽然發現餐點味道變差了，將廚師叫來一問，才知道原來廚師的那雙巧手不知為什麼突然變得又紅又腫，當然就做不出好的餐點來了。國王立即命御醫給廚師醫治，可惜醫治無效，逼得廚師不得不離去。

廚師流浪到森林中的一個小村落，幫助一位老人牧羊。他常常用手去撫摸羊身上的毛，漸漸地發覺手不痛了。後來，他又幫老人剪羊毛，手上的紅腫也漸漸消失了，他欣喜於自己的手痊癒了。就離開了牧羊老人返回都城，正遇上皇家貼出告示徵召廚師。

於是，他留鬍子前往應徵。他所做大小餐點都極受國王的欣賞，於是他知道自己的手已恢復了過去的靈巧，同時他當然被錄用了。當他剃了鬍鬚，大家才知道他就是過去的那個大廚師。

國王召見了他，問他的手是如何治好的。他想了想說，大概是用手不斷整理羊毛，無意中獲得了治療。

根據這個線索，國王讓科學家們仔細研究，結果發現，羊毛中含有一種自然的油脂，提煉出來，有治療皮膚病的功能，並由國王命名此綿羊油為蘭麗。

　　這個故事是由美國加州的蘭麗公司杜撰的，臺灣的代理商用它來告訴消費者，綿羊油有治療皮膚病的作用。這個無中生有的故事，美化並宣傳了這種產品。

　　蘭麗綿羊油只是蘭麗系列產品的一種。一般來說，凡是有系列產品的廠商，都是在其中找出一種有獨到特色的品種，將其塑造成這一系列中的主力商品。消費者如果對這一種商品有了好感，對其他各種產品亦會隨之產生好感。

　　果然，蘭麗綿羊油的銷路異軍突起，成為蘭麗系列產品中帶動銷售的領頭羊。

● 暗度陳倉

「暗度陳倉」有一個前提，叫「明修棧道」。之所以「明修棧道」，是要讓敵人相信我方必沿棧道進攻並全力防守，而我方則可乘虛取「陳倉」。

「暗度陳倉」與「聲東擊西」兩計有相似之處，其中的區別在於「暗度陳倉」的目標只求將敵人引至「棧道」，而不是使其混亂。

在市場競爭中，「暗度陳倉」被商家發揮到了極致。表面一套，背後一套；當面握手言歡，背後刀槍相見；剛剛才暢談友情，轉身立刻撕破臉面……

「虧本」買賣也有賺

日本富士現代辦公用品公司駐泰國的業務代理藤野先生在與泰國的泰恆公司簽訂一個有關進口日本某型影印機的合約時，發現泰恆公司已有新的打算，不準備簽訂合約了。

這迎面而來的打擊，藤野先生想到臨行前公司「只許成功，不許失敗」的囑託，藤野先生果斷決定查清事實真相，非得解決這個大問題不可。

在他看來，泰恆公司絕對不會輕易放棄影印機這個大生意不做，無緣無故鬆開牽著財神爺的手，那他們現在拒絕簽合約，又該做何解釋呢？難道又有了新主顧？對，這是很有可能的。哪裡的呢？其他國家的？可能性不大，因為就目前國際市場上的影印機來說，只有日本產品才是一流的，泰恆公司絕對不會見利忘義，為了公司的長遠發展及信譽著想，他們

不會貪圖便宜而買進次等的產品。那麼，與泰恆公司做生意的肯定也是一家日本公司。他們是以什麼樣的優惠條件吸引泰恆公司捨此適彼的呢？所有的問題都要一一搞清楚。

藤野先生理清思路，策劃好了行動方案。他首先向國內公司匯報了有關情況，並請公司協助查清事情原委。不久，公司有了回音，證明國內確實有一家公司在從中作祟，暗中與泰恆公司取得聯絡，要為其提供價格更低、性能更先進的某型影印機，致使泰恆公司改變初衷。

藤野先生知道，若想戰勝競爭對手需要立即著手解決兩個問題：一是趕在對方前面盡快與泰恆公司簽約；二是立刻與工廠聯繫，無論如何都要取得某型影印機在該國的經銷權。作戰計畫已定，公司便兵分兩路，仍由藤野先生負責與泰恆公司簽訂合約；公司另派人馬去工廠聯絡進貨業務。

當藤野先生第二次出現在泰恆公司老闆面前時，還未等對方開口，他便開門見山地說：「總裁先生，我這次來是與您專門洽談關於某型影印機的進口問題，想必您一定是感興趣的吧？不錯，此影印機確實比其他機型優越，所以，我們決定在這方面與貴公司合作，而且我還要告訴您一個好消息，我們提供給貴公司的產品將比貴公司前幾天接洽的那一家價格再低20%。」

聽罷此言，泰恆公司老闆覺得奇怪，「怎麼不過短短的3天，這個日本人就什麼都知道了？不過，這與自己又有何關係呢？只要有利可圖，跟誰做生意還不是都一樣，既然富士公司的價格能比那家公司優惠得多，我又何樂而不為呢？」他馬上笑容滿面地與藤野先生握手成交，並隨即簽訂了進口2,500臺此影印機的合約。

合約一到手，藤野又馬上飛回日本，找到影印機生產工廠，告知對方：富士公司已拿到泰恆公司合約，搶先占領了該國市場，請工廠把影印

機及耗材與易損設備的經銷權授權給富士，富士願意讓他們把其出廠價提高 10%。影印機生產工廠鑑於富士現代辦公用品公司規模不小，信譽良好，且出價可觀，便與其簽訂了代理合約。

藤野高買低賣影印機倒賠了幾十萬美元，他圖的是什麼？原來，他在泰國取得某影印機的獨家經營權後，將相關的耗材與易損配件高價賣出，從中得到了補償並牟取了暴利。

在明處給人甜頭，待「棧道」修好，則直指「陳倉」，取得大勝。

牢牢控制主動權的談判

在商業談判中，有時對方的某一項產品的出（報）價會低（高）得令我們無法承受，致使談判陷入僵局。如果談判內容包含了多個專案或產品，我們可以學習下面這位推銷員「暗度陳倉」的方法，為自己贏得談判。

在建材門市部門，某下水道材料廠推銷員與水電安裝工程主管談一筆下水道材料生意。

「W50（管徑標稱）的下水管一公尺 50 元，賣不賣？」水電主管咄咄逼人。

「您開玩笑吧，出廠價都不止一公尺 50 元，這麼便宜怎麼能賣呢？」

「那就是說 —— 不賣嘍？」

「不是不賣，是不能賣，賣了要虧本的。」推銷員無可奈何地搖著頭說。

的確，W50 下水管出廠價都是一公尺 55 元，加上送貨到工地的運費，需花到一公尺 60 元的成本。

於是，由於買賣雙方態度皆強硬，這筆生意泡湯了。

那麼，如果這位推銷員換另一種方式，結果會怎樣呢？

「可以，一公尺 50 元。」推銷員狠了狠心，給出肯定答覆。

因為這位推銷員知道，建築工地購置下水道材料總是需要二、三十種不同型號的下水管及配件。他在推銷 W50 下水管時沒賺反而虧了，但是他可以想盡辦法從其他型號的商品中將利潤「補」回來，以確保整體上應該得到的利潤。比方說：推銷 A 若虧了 5 元，那麼推銷 B 時我就將價格暗中提高 5 元或更多。

於是，生意得以繼續商談下去：「什麼，W13 下水管一公尺要 15 元！太貴了吧？」主管裝腔作勢。

「主管，市面上的行情都是一公尺 18 元呢（其實報價約為 9 元）。您放心，價錢上我能便宜的就會便宜給你，就像 W50 下水管一樣，一公尺 50 元，全臺灣都找不到這麼低的價錢。」

「好吧，15 元就 15 元。」

推銷員抓住主管因為貪圖 W50 下水管便宜而不願輕易放棄這筆生意的心理，在後來的二十多個商品的講價過程中，常常以像 W50 下水管那樣「能便宜的就會便宜」為擋箭牌，擋住了主管講價的氣勢，在後來的商品談價中取得理想價位，最終將生意反敗為勝。

聰明的推銷員在掌握了這種「暗度陳倉」的成交方法後，也可以主動出擊，有時故意將客戶了解的第一個商品的價格開得低於成本價，以吸引客戶的注意，然後再在其他項目商品價格上「暗度陳倉」。當然，這一招只適用於客戶會購買系列的商品，這樣，萬一客戶只買你的那種低價產品，你就可以說：「先生，我很想滿足您的要求，但您知道，我這些商品是配套的，如果您只買一種的話，就孤立了其他配套產品。所以，您還是

一起買下吧！」這樣說不僅是一種引導全面成交的努力，也是一種對單一買賣的婉拒，可令人進退自如、立於不敗之地。

　　商業談判中若遇到單一產品的價格無法達成自己的目標時，我們不妨在明處吃點虧，再從暗處「補」回來。確保整體上的利潤，也是一種成功。

讓對手措手不及

　　享有「萬能博士」美譽的亞曼德‧漢默曾因大膽在蘇聯做生意，得到列寧的親自接見而聞名於世。在他剛開始進行石油投資時，他的西方石油公司規模還不大，還不足以與世界著名的石油大亨們抗衡，但在利比亞油田的投標過程中，他巧使「暗度陳倉」之計，一舉擊敗十餘家實力雄厚的競爭對手，競標成功。

　　在投標過程中，漢默首先「明修棧道」，和所有的競爭對手一樣，他向利比亞政府遞交了投標書，只不過他的投標書與眾不同，採用真皮證書的形式，用紅、綠、黑三色緞帶綁住，而這三種顏色，恰恰是利比亞國旗的顏色，因此格外引人注目。

　　漢默的小動作則藏在投標書中，是名副其實的「暗度陳倉」。在投標書中，漢默額外向利比亞政府許諾下一系列好處，包括將利潤的 5% 捐獻給利比亞農業，在利比亞國王和王后誕生地的沙漠中尋找水源，與利比亞政府合作興建肥料廠等等。這些好處果然博得了利比亞政府的歡心，投標結果漢默人獲全勝，令實力雄厚的競爭對手驚得目瞪口呆，好長一段時間都沒有弄清楚失敗的原因。

　　漢默把暗中許諾的一系列好處作為一支奇兵，出奇制勝地奪得了兩塊

富含石油的租借地，在隨後的開採過程中得到了巨額的財富。

作為「暗度陳倉」的真實行動，部署一支奇兵，在對手防不勝防的地方突然出現，是取得勝利的決定性步驟，不可不加以高度重視。

日本箕面有馬電氣軌道股份有限公司是一家地區性的小鐵路公司，由於鐵路沿線乘客較少，使公司遲遲得不到發展，不僅無力與實力雄厚的大公司競爭，就連自身的生存也困難重重。

新任總經理小林一三針對現狀權衡再三，毅然決定採用「暗度陳倉」的計謀。

既然提高鐵路收費標準會使乘客人數進一步減少，這與公司的發展目標背道而馳，那麼只有在增加沿線乘客人數上費心思。要達到增加沿線乘客人數的目的，只有在這條鐵路沿線大肆興建各種誘人的建築設施。

於是，小林一三採取了一系列行動：首先開發鐵路沿線的住宅區，並以極其優惠的價格吸引許多人前來購買和租住；接著，他又在自己的鐵路沿線開設了動物園，設立了溫泉區，更組建了紅極一時的少女合唱團在遊樂場表演；隨後又陸續增加了博覽會、植物園、劇場、餐廳、百貨銷售部門等等。

這一系列舉措吸引了大批遊客搭乘他們的列車前來旅遊觀光，尤其是由少女合唱團發展成的寶塚少女歌劇團，在一次公演中獲得了空前的轟動，致使當年度前去觀賞的遊客就達到 19 萬人，第二年更猛增到 43 萬人。住宅區的進一步擴建，也使乘客的人數進一步增加。

以一系列開發娛樂、教育設施的舉動來達到吸引乘客增加的目的，小林一三巧妙地實施「暗度陳倉」，以一支奇兵打亂了競爭對手的如意算盤，擴大了公司的規模，使自己的公司很快發展成為日本最有實力的鐵路公司之一。他的這些策略在如今的鐵路界得到了大力推廣，成為鐵路經營

的重要典範。

　　用故意暴露的明目張膽的行動來迷惑對手，吸引顧客，是「明修棧道」；用暗中的行動打對手一個措手不及，在不動聲色中贏得顧客，則是「暗度陳倉」。明與暗，正與反，真與假，千變萬化，神鬼莫測。

● 隔岸觀火

當對方出現內訌，鬧得不可開交時，我方與其發動正面進攻，還不如冷眼旁觀，讓他們鬥個你死我活，再輕輕鬆鬆地坐收漁翁之利。

「鷸蚌相爭，漁翁得利」出自一個古老的寓言：鷸與蚌互鬥，鷸啄住了蚌的肉，蚌合上硬殼夾住了鷸的嘴；雙方互不讓步。這時漁翁走來，把鷸和蚌一起抓住，放到了自己的魚簍裡。這漁翁是何等高明呀！

「隔岸觀火」與此有異曲同工之妙。當對岸的對手因為各種矛盾而廝殺時，我方且在河的這一邊袖手旁觀，不僅不去勸架，反而暗暗禱告：讓他們打得更激烈點吧！讓戰火燒得更猛烈吧！

不管對方鬥得怎樣天昏地暗，受損害的始終是他們，我方將毫髮未傷。

但如果我方充當大好人去為對方和解，將無異於使自己的競爭對手團結起來，對自己構成致命的危險。這樣的傻事，傻瓜才會做呢！

如果這時貿然進攻，以求亂中取勝，固然也有勝算的把握，但弄得不好很可能會引「火」燒身，導致自己賠了夫人又折兵。更何況在強敵壓境面前，對方很有可能會摒棄前嫌，握手言和，槍口一致對外。

與其那樣，還不如悠閒地「隔岸觀火」，等到對方兩敗俱傷時再出來收拾殘局，把對方的財勢完全收歸為自己所有。

戰火中的美鈔

當伊拉克武裝入侵科威特之後，以美國為首的西方國家迅速調兵遣將，實施了規模空前的「沙漠盾牌」行動。

全世界的人們都在隔岸觀火，不過這戰火在不同的眼睛看來，卻是完全不同的東西：將軍看到升官，士兵看到流血，百姓看到死亡，而精明的商人卻看到了大把大把的美鈔。

根據統計，在美國，有 1,127 家公司都以這次戰爭為契機，替自己大大地營造輿論。

可口可樂公司從美國為沙漠中的將士免費供應汽水，並一本正經地宣布：「幫助一個出門在外的人，就獲得一個終身的朋友。這毫無疑問對每家企業都有好處。」

威爾登體育用品公司無償提供了一箱又一箱的鞋油，以表示自己高品質的鞋油能使大漠之中的皮鞋同樣烏黑發亮。

還有諸如 1 萬副紙牌、22,000 箱無酒精啤酒、10 萬副太陽眼鏡等等，讓美國大兵在大漠之中照樣過得很愜意。

從來沒有哪次戰爭出現這樣的情況：每天都有新產品貨箱運抵部隊，士兵們收到了本國工業界送來的不計其數的禮物。

電視臺日夜播放：「我們在波斯灣的小夥子們」。螢幕上不斷出現美國大兵的形象：拿著可樂，吃著罐頭，抽著萬寶路香菸，搖頭晃腦地聽著 SONY 小型收音機……

記住你身在商場，記住你是一個商人，在隔岸觀火時，你就能從熊熊的戰火中看到大把大把的美鈔在微笑。

當美國大兵班師回國時，那些精明的廠商不也在神采飛揚，大喝慶功酒嗎？

掌握好收獲的時機

當對岸火起、越燒越烈時，我方就要時刻準備行動，以圖有所收穫。

行動得過早，對岸的火尚未把對方的力量摧毀的話，我方就要付出相當的代價，消耗自己，有時甚至會引火燒身，給自己帶來一大堆麻煩。

行動得過晚，對岸的火已燒得雞犬不留，我方也很難撈到太大的好處，更何況如果有人捷足先登，我方只能空歡喜一場。

掌握好收獲的時機很重要。

學學那個漁翁吧：當鷸啄住蚌的肉、蚌夾住鷸的嘴、誰也動彈不了時，就果斷出擊。這時鷸的肉也肥美，蚌的肉也新鮮，一切都恰到好處。

美國商人尤伯羅斯主辦了第 23 屆奧運會，他沒有要美國政府出資一分錢，自己反而淨賺了兩億元。在以往歷屆奧運會都帶來巨額財政赤字的背景下，他的成功無疑是一個奇蹟。

這是因為他把「隔岸觀火」運用得恰到好處。

他破天荒地將奧運會實況轉播權進行了拍賣，美國廣播公司（ABC）和全國廣播公司（NBC）為了搶奪轉播權皆全力以赴，報價飛速提高。結果，2.8 億美元進入了尤伯羅斯的口袋。

「隔岸觀火」初戰告捷，尤伯羅斯故技重施，又把奧運會正式贊助單位進行了拍賣。他規定：本屆奧運會正式贊助單位只有 30 家，每一行業選擇一家，每家至少贊助 400 萬美元。他許諾，這些贊助商可獲得本屆奧運會的某項商品專賣權。

此言一出，立刻引起極大反響。誰都清楚只要取得了贊助權，就意味著在本行業中居於「龍頭老大」的地位。

頭把交椅的位子誰不想坐？只要坐上了，對擴大企業的知名度和影

響力無疑是有很大的幫助。更何況，奧運會商品的專賣權也可使自己大賺一筆。

於是，各行各業都為此展開了激烈的爭鬥，都拚命抬高自己的贊助額，以求在同行業中脫穎而出。

可口可樂公司以 1,250 萬美元的天價戰勝了百事可樂，日本富士公司以 700 萬美元的贊助費搶走了膠捲專賣權……結果，尤伯羅斯共獲得 3.85 億美元的贊助費，遠遠超過了歷屆奧運會。

尤伯羅斯很好地掌握了收穫的時機。他利用奧運會大做文章，讓各路大亨鬥得頭破血流，自己則隔岸觀火，喜滋滋地等待大把大把的鈔票流入自己的口袋。

這場經濟大戰由他直接導演，各路大亨圍著他的指揮棒轉，不顧一切地競爭，其結果是便宜了隔岸觀火的他。

這樣的場面在拍賣會上經常可以見到。拍賣者利用購買者的矛盾和欲望，任由他們競相抬高價格，以至於最後的成交價往往大幅高於商品的實際價值。

利用對方鷸蚌相爭的時機，任由對方以死相搏，從中所獲取的收益是不言而喻的。而在此過程中，自己最好可以最大限度地迴避風險，不勞而獲，不戰而勝。

別惹火上身

前文提到東南亞的泰恆公司計劃從日本進口一批影印機，日本的兩家公司為了爭奪影印機客戶和在東南亞的獨占經銷權，競相壓價。

泰恆公司不動聲色，任由兩家日本公司爭個你死我活，價格一再降

低。最終富士公司報出了最低價，使泰恆公司心滿意足地買到了價廉物美的影印機。

與此同時，影印機生產工廠也在「隔岸觀火」中大獲其利。兩家日本公司爭鬥的結果使影印機的出廠價扶搖直上，影印機生產工廠喜笑顏開。

唯有富士公司虧了本，鷸蚌相爭的結果使自己從影印機生產工廠進貨的成本高於預算，而向泰恆公司出口的影印機又低於原先的價格。雖說付出於較高的代價，但畢竟占領了東南亞市場，還不能算是得不償失。更何況富士公司另闢蹊徑，高價出售耗料及配套設備，也彌補了損失。

隔岸觀火最終能使自己收穫頗豐，但這個「觀」不是無所作為，而是在「觀」的過程中，時刻注意尋找最佳時機，一旦對方因矛盾摩擦發展到兩敗俱傷，就是自己收獲的最佳時機。

在臺灣外貿出口的激烈競爭中，就曾出現過競相削價、互相拆臺的現象，給了外商「隔岸觀火」的可乘之機，極大地損害了國家和企業的利益，造成了慘重的教訓。

可見，內部爭鬥絕對會帶來相當嚴重的後果，有時甚至能摧毀自己的力量，使自己從此一蹶不振，直到被對方吞併。

在採用隔岸觀火、坐收漁利的同時，一定要記住，別引火上身，別給對手留下可乘之機。

笑裡藏刀

笑裡藏刀，所謂的「刀」不是殺人傷人的「刀」，而是賺錢的目標。把賺錢的目標藏在心中，以和善的外表給予顧客友誼和信任，以春風般的笑容給予顧客甜美和溫暖，讓顧客在尊榮的感覺裡痛快地消費，從而達到自己賺錢的目的。

市場競爭中不實、騙人的行為極大地損害了消費者的利益，並給一個城市、一個地區甚至一個國家的聲譽帶來極壞的影響，其負面作用是不容忽視的。

這些「笑裡藏刀」有的甚至觸犯了法律，成了弄虛造假的代名詞，更成了唯利是圖、不擇手段的重要方式。

在這裡，我們要真誠地提醒商家，騙人一次容易，坑矇拐騙一世絕不可能，不要搬起石頭砸了自己的腳。

當然這並不是說「笑裡藏刀」者就得徹底被驅逐出市場競爭的領域。

我們認為，作為一種重要的謀略和手段，「笑裡藏刀」同樣在市場競爭中大有用武之地。只不過，這裡的「刀」不應該是坑矇拐騙的手段，而應該是賺錢的目標。

同樣是賺了對方的錢，卻賺得讓對方歡天喜地，心甘情願。這種做法才會受到社會的肯定和法律的保護，更會得到消費者的認同，才值得肯定與提倡。

自己先笑起來

《佐賀報》是日本的一家地方性報紙，該報在風起雲湧的報業競爭中歷經百餘年，仍保持著旺盛的生命力，這與該家報社極富人情味、善於「笑裡藏刀」大有關係。

當地典型的海洋性氣候給報紙的派送造成不少麻煩，報社董事長認為，下雨天若是給讀者送去溼漉漉的報紙實在不好意思，於是，每逢陰雨天，《佐賀報》的送報員都會用塑膠袋將每份報紙細心地包好，再投遞到各家各戶。

別小看了這個塑膠袋，它卻給每個讀者送去了溫暖和真誠，就憑著這種細緻入微的關懷，贏得了廣大的讀者的支持，報紙銷量常年上升。

這種「笑裡藏刀」，以表面的友善完全掩蓋了賺取對方錢財的目的，可以稱作「笑裡藏刀」的高級境界，如今已越來越受到廣大商家的重視。

凱瑟琳・克拉克（Catherine T. Clark）是美國的一個普通的家庭主婦，她開了一家麵包店，由於常年堅持「以誠取信」的原則，以友善的姿態博取顧客的信任，數十年後，竟發展成為美國著名的「麵包女皇」，成為著名的女企業家。

她為了取得消費者對自家麵包店的信任，特地在包裝上注明了烘製日期，並鄭重其事地規定，凡是超過三天沒能售出的麵包，一律由麵包店回收。

儘管這給她帶來了相當的麻煩，但她依然堅持不懈，從而為麵包店贏得了良好的聲譽。

有一年爆發了特大洪水，導致糧食緊缺，麵包供不應求，但她仍毫不鬆懈地堅持自己制定的規定。

　　有幾家偏遠的商店積壓了一些過期麵包,當運貨員按照規定將這些麵包收回時,在返回的路上被飢餓的群眾圍住了,吵著非要買車上的麵包。運貨員堅決不答應,因為老闆有明文規定,誰出售過期麵包就將被「炒魷魚」。連續幾天吃不飽的老百姓哪裡肯讓步,一時間大家爭執不休,運貨員急得團團轉,但又不敢公然違反店裡的規定。

　　正在爭執不休時,驚動了一個過路的記者,當記者弄清原委,也好心地上前勸說運貨員。結果是,老百姓把車上的麵包全部「搶」光了,並留下了足夠的錢。

　　運貨員長長舒了一口氣,這下子他不用承擔銷售過期麵包的責任了。

　　記者對這件事產生了濃厚的興趣,在報紙上詳細報導了這件事的來龍去脈,並對凱瑟琳的麵包店大加讚譽,使這家不起眼的麵包店一時間美名遠播。

　　正是由於以誠取信,以友善的外表博取了廣大消費者的信任,僅僅過了短短1年,凱瑟琳的小小麵包店就成了一個現代化大企業,營業額由每年的 2 萬多美元激增到 400 萬美元。

　　這個事實再次有力地證明,只有把「笑裡藏刀」運用到這種境界,才能在友善外表的掩蓋下,源源不斷地賺錢。

潛藏殺機

　　不管商人臉上的笑容多麼燦爛,不管「顧客是上帝」的口號喊得多麼響亮,都不能否定一個事實:商人總是要賺錢的,要賺千千萬萬普通消費者的錢,他們的眼睛也時時刻刻地關注著每個消費者的錢包。

　　不管商家把賺錢的欲望暴露得較為明顯,還是隱藏得較為隱祕,從消

費者身上獲取利益的「殺機」總是時時刻刻存在著的,只是有的明目張膽地強取豪奪,有的笑裡藏刀以巧智取。

在這裡,我們提倡以誠取信、以友善的外表謀取利益的做法,因為這是一種於人有益、於已有利的良好市場競爭原則。

日本明治製菓株式會社曾刊登出一份「致歉聲明」,聲稱自己的公司在最近的生產作業中,由於疏忽導致巧克力豆中碳酸鈣的含量超標,公司請求購買者速來退貨。

千萬不要那麼天真的以為這家公司真正把消費者的健康放在了至高無上的位置上,事實上,碳酸鈣多一點對人體健康並無大礙,這家公司這麼做完全是在打自己的如意算盤,而「內藏殺機」卻是千真萬確的。

結果,前去退貨的消費者寥寥無幾,但由於這份聲明的作用,該公司博取了更多的人的信任,前往公司購買產品的人越來越多了,公司的收益成倍地增加,消費者口袋裡的錢不知不覺地就到了商家的手裡。

美國一家超級市場也出於同樣的目的,有一天突然當眾把大桶大桶的牛奶倒進水溝裡,並極其嚴肅地聲明,這些牛奶已經過期,出於對顧客健康的保障,他們才這樣做。

千萬不要這麼幼稚,以為商家會這麼好心,其實這不過是虛晃一槍,以表面的友善來換取信任,從而達到自己賺錢的目的。賺錢這把「刀」是時時刻刻深藏在商家心中的。

果然,更妙的事接著發生了:衛生檢疫部門很及時的送來了化驗報告,宣布牛奶沒有變質,仍可食用。各報刊媒體借此大肆宣傳,把這個新聞渲染得婦孺皆知。

這原來是這家超市一手策劃的事件!他們才不捨得把大桶大桶的牛奶白白倒掉呢!那可都是令人心疼的鈔票呀!

　　眾多的消費者被蒙在鼓裡，相信了這家超市的信譽，於是超市的銷售量逐月猛增。

　　超市的這一招巧妙地掩蓋了心中的「殺機」，達到了「笑裡藏刀」的目的。

　　如果說這裡的「笑裡藏刀」表現得還不夠直接不夠明顯的話，那麼在商業談判中，「笑裡藏刀」則表現得更為鮮明，一言一行無不暗合機鋒。

　　在談判中，談判雙方總是面帶微笑，談笑風生，似乎彼此是親密無間的朋友，有時甚至會表現得很豁達大度，其實在內心裡無一不是殺氣騰騰，都在想方設法地要從對方那裡榨取到更多的利益，讓對方進入自己的圈套，圍著自己的指揮棒轉。

　　約克‧皮爾龐特‧摩根是美國華爾街的著名大亨，曾運用「趁火打劫」的計謀，使美國總統甘拜下風。他創立了摩根大通集團，一度控制了美國四分之一的財產。他同樣善用「笑裡藏刀」之計，使眾多的競爭對手紛紛做了他的「刀」下之鬼，他也因此獲得了「魔鬼」的稱號。

　　石油大王洛克斐勒擁有梅瑟比礦山，這座礦山是全國最富的鐵礦山，可惜洛克斐勒身在寶山不識寶，沒有進行開採。

　　摩根偶然得知這一消息，決定把這座礦山買下來。但洛克斐勒絕不是那麼好對付的，不下一番功夫是很難達到目的的。

　　摩根親自登門拜訪，兩個大亨儘管彬彬有禮，溫文爾雅，但各自心懷鬼胎。當摩根提出收買礦山的計畫時，洛克斐勒悠悠地說現在公司已交給兒子管理，自己已經退居二線了。

　　摩根的「笑裡藏刀」碰了個不軟不硬的釘子，他只好與小洛克斐勒聯絡。

　　小洛克斐勒如約來到摩根辦公室。這次摩根可有好戲演了：面前的對

手不再是老奸巨猾的老洛克斐勒，而是初出茅廬的年輕後輩，對付他應該是小菜一碟？

儘管小洛克斐勒聲明自己不賣礦山，但摩根鷹隼般的目光直盯著他，嘴裡的雪茄不動聲色地噴著煙霧，盯得小洛克斐勒心裡直發毛。

摩根微微笑著，突然間出其不意地問：「到底要賣多少錢？」

小洛克斐勒再也難以支持，終於艱難地吐出「7,500 萬美元」這幾個字，這可是個天文數字，要知道，老洛克斐勒把這座礦山弄到手僅僅只花了 50 萬美元。

他們在敲竹槓呢！摩根笑得更迷人了，他仍是那副悠閒的姿態，鷹隼般地直盯著小洛克斐勒，又盯了好幾分鐘。小洛克斐勒如坐針氈，心裡惴惴不安，竟不知道要說什麼好。

摩根很清楚，老洛克斐勒才是當家作主的人，小洛克斐勒只是個傳話之人，只要小洛克斐勒震懾於自己的威嚴，就足夠了。他見好就收地走到小洛克斐勒身邊，與他友好地握了手，以強有力的語言表達了自己的實力，並暗示了自己的俱樂部時刻歡迎洛克斐勒父子的好意。

送走小洛克斐勒，摩根得意地笑了。他知道，自己所說的話一定會原封不動地轉達給老洛克斐勒，他也將與老奸巨猾的老洛克斐勒再次交鋒。

數日後，摩根再次拜會老洛克斐勒。他開門見山地指出 7,500 萬美元簡直是開玩笑，讓人無法接受。他提議雙方合作，他用自己炙手可熱的美國鋼鐵公司股票來交換梅瑟比礦山。

摩根深知老洛克斐勒的為人，知道自己不給對方一些甜頭是絕難以達到目的的。雖然美國鋼鐵公司的股票非常吃香，讓給對方未免有些心疼，但比起 7,500 萬美元的天價，還是划算多了。

老洛克斐勒沉默不語，他雖然對美國鋼鐵公司的股票垂涎已久，但如

果過於爽快地答應對方，豈不是太便宜了摩根？

　　幾天後，小洛克斐勒再次代表父親出面和摩根談判。經過針鋒相對的討價還價，終於達成了協定，摩根心滿意足地擁有了梅瑟比礦山。

　　在這場艱難的談判過程中，「笑裡藏刀」被摩根運用得游刃有餘。他以一副和善的外表、一張迷人的笑臉來掩蓋奪取礦山的真正目的，一會兒談笑風生不動聲色，一會兒威風凜凜不可侵犯，一會兒又拋出誘餌引對方上鉤，轉過身又斤斤計較地討價還價，終於如願以償地達到了目的。

　　「笑裡藏刀」的奸詐在談判中展現得更為徹底，因此，為了爭取更大的利益，在談判中即便自己不想使用這樣的奸計，也要提防對方會使用，千萬不要因迷戀對方迷人的笑容而踏進了對方設置的陷阱。

　　「內藏殺機」是「笑裡藏刀」的核心所在，如果沒有心中的殺機，就完全成了一團和氣，賺錢的目的只怕就很難達成了。外表的和善只是表象，心中的殺機才是致命武器。

　　請記住，心中的殺機藏得越深越好，臉上的笑容則是堆得越燦爛越好。

讓對方笑起來

　　自己臉上的笑容要燦爛，要給人一種友善的表示，但這還遠遠不夠。

　　高明的商家不僅自己在笑，還要讓對方也陪著自己笑起來，在雙方其樂融融、極為融洽的氣氛中，那把圖謀對方利益的「刀」似乎已淡化得幾乎無形，至少對方已無法覺察得到。

　　這就是這些年來頗為流行的「幽默經營術」，本著把歡樂送給別人的高超技藝，高明的商家以其令人稱道的智慧，在一片歡樂中，創造著一個又一個商業奇蹟。

猶太人以富有經商智慧而聞名於世，他們在「幽默經營術」方面也頗有獨到之處。

一個猶太鑽石商人與日本商人談生意，猶太商人妙趣橫生的語言常讓日本商人捧腹大笑，氣氛輕鬆又自然。當猶太商人幾乎掌握了日本人的全部資料，即將進入關鍵的談判環節時，猶太商人突如其來地問道：「你知道大西洋底有多少種魚類嗎？」日本商人愣住了，他們做夢都想不到，在這關鍵時刻，猶太商人竟會突然提出這樣的問題。

當看到猶太商人調皮的表情，日本人突然明白了，原來猶太商人在開玩笑，於是，一本正經的日本人也開懷大笑起來。

談判就在如此輕鬆的氣氛中完成了。

日本人想不到的是，猶太商人此問另有深意。試想，一個閉目塞聽、孤陋寡聞的人怎麼可能做成一筆又一筆價值不菲的珠寶生意？用這種突然襲擊的方式，讓對方瞬間處於一種無言以對的尷尬處境中，製造出一種令對方折服的心理優勢，以便使對方在自己提出的條件面前無法提出強有力的反駁。

猶太商人就是依靠這種幽默輕鬆地完成了交易，獲得了較大的利益。

幽默無處不在，無所不能。在產品包裝上，透過奇特的想像，設計出引人發笑、帶給人情趣的包裝，可以更好地吸引顧客。

在徵才廣告中，有間公司更是別出心裁，打出了「前科犯大集合」的標題，極其駭人聽聞，而應徵者的前科紀錄不過是下列種種：

三歲 —— 這一年是初犯，我把妹妹最心愛的洋娃娃拆破了。

十歲 —— 偷偷拆解哥哥的收音機，結果無法復原，挨揍。

十三歲 —— 國中入學。把爸爸為了祝賀我上中學而買的手錶拆開，令他目瞪口呆。

……

這種種行為在我們看來不過是小孩子調皮搗蛋的傑作，卻被這間公司堂而皇之地列入徵才廣告中，豈不令人開懷大笑？

其實，在這幽默的背後是有深刻的用意的。這則徵才廣告告訴人們，該公司需要的人才必須是從小就對任何事物充滿好奇、並富有大膽嘗試精神的人。只有這樣的人進入公司，才能為公司開拓出生財的新路。

這則廣告同樣是在笑聲中達到了自己的目的，是「笑裡藏刀」更為巧妙的運用。

有一家飯店在經營上更是幽默到了極致：全店上下一律是光頭，並鄭重地打出廣告：「本店的衛生無與倫比 —— 飯菜中任何時候都見不到一根毛髮！」

當消費者看到這則廣告時，該會怎樣地暢懷大笑呀！這種別具一格的幽默很自然地吸引了大量的顧客，創造了極佳的收益。

幽默作為一種高超的人生智慧，以帶給別人歡笑為煙幕，不動聲色地在市場競爭中攫取大量的利益，是「笑裡藏刀」極為巧妙的運用。如果能恰如其分地多加運用，其成效必會讓你驚喜異常。

● 李代桃僵

失之東隅，收之桑榆。商戰中不可能大小戰役都保持不敗。棄卒保車，以局部利益的犧牲來保全整體利益，以眼前利益去換取長遠利益，需要眼光與魄力。

當生意遭遇困境時，就不得不有犧牲和捨棄。雖說這樣做會令人很心疼，但兩相權衡之下，捨小保大，捨車保帥還是符合自己保全整體和長遠利益的目的的。

捨卒保車

日本百貨業曾憑藉著其強勁的實力和高超的經營技術，大舉進軍臺灣，導致臺灣百貨業猶如烏雲壓頂，遭遇到前所未有的困境，銷售額大幅下降。

面對困境，各百貨公司各顯神通，為了保住自己的一席之地而作殊死抗爭。其中遠東百貨商店的策略最為果敢，一時吸引了許多同行業經營者的關注。

當時遠東百貨在臺灣設有眾多的連鎖店，數目之多，分布之廣，令同行業經營者望塵莫及。在日本百貨業大軍壓境當前，遠東百貨果斷地採用「李代桃僵」之計，為了謀求長遠利益而進行了大膽的捨取。他們對百貨門面進行了全面裝修，全面捨棄女性服裝和兒童服飾，而改以男裝和超市為主要營業項目。

未來是多元化發展的，經過「李代桃僵」的大膽捨棄後，遠東百貨商店竟然走上了專業化道路，以一枝獨秀的姿態在烏雲壓頂的困境中頑強地生存，令業界嘖嘖稱奇。

　　作出這個決斷是需要過人的膽識和敏銳的眼光的，只有高瞻遠矚，明智地區分眼前利益和長遠利益、局部利益和整體利益，「李代桃僵」才能成功。

　　1980 年代的香港，英資財團在華資企業的攻勢面前，已陷入四面楚歌的困境。作為英資財團核心的怡和集團更是困境重重，華資企業收購怡和的消息時有所聞。

　　在這危難之際，西門‧凱瑟克接任怡和集團的主席，為了保住怡和的基業，爭得東山再起的良機，他果斷地運用「李代桃僵」，對怡和集團進行大刀闊斧的改革。

　　為了減債，西門‧凱瑟克大舉出售資產，他把海外業務全部砍掉，把香港電燈有限公司賣給了李嘉誠，把電話公司的股份賣給了英國大東電報局。

　　經過這一系列的大手術，怡和集團身上的腐肌爛肉被剔除乾淨了，雖然疼得死去活來，但卻為力保大本營奠定了基礎。

　　怡和集團與其下屬的置地公司本來採用互控對方股權的方式以抵禦外敵入侵，但在自己元氣大傷、股價持續低迷的情況下被對方趁機攻破，這是極有可能的。西門‧凱瑟克花了極大的心思，終於把怡和集團與置地公司拆開，然後抽調巨資，死守置地公司這一個至關重要的生命線。

　　正因為「李代桃僵」戰術施用得成功，才使得怡和集團成功地收縮防線，集中重兵保住了置地公司。李嘉誠等人雖發起了收購置地公司的強勁攻勢，也只會是功敗垂成。

　　怡和集團在困境中艱難地使自己站穩了腳跟，並伺機再度振作，東山再起。

　　史密斯公司是美國密爾瓦基的一家大公司，專門生產客車底盤，供給

美國汽車工業的需求。這個公司規模龐大，僅員工人數就多達 2 萬餘人，年銷售額也超過兩億美元。雖然在同行業中屈指可數，但可惜的是，其獲利率卻一直偏低，無法加以提高。

經過反覆論證，他們發現了問題的癥結所在。原來這個公司多年來只生產一種產品，只占領一個市場，客戶也相當單純，數量不多；而與此相對應的是管理層相當龐大。因此，縮編管理層、精簡機構、提高效率就勢在必行。

意識到這一問題的嚴重性，這個公司立即開始「李代桃僵」的大行動，除了保留少數全能的經理和必不可少的技術人員外，其他高階主管能裁則裁，直至最後只剩下了一名高階負責人，改變了以往營業額增高而利潤的反降的奇特現象，此後公司的發展一日千里。

有所棄才能有所得，在身處不太有利的市場環境中的時候，對自己的企業進行必要的減員增效是為了更好地輕裝前進。

不要捨不得眼前利益，不要抱住局部利益不放，把眼光放遠，站得更高一些，進行主動的犧牲，做出主動的退守，是為了今後能更有力地出擊，也是為了今後能獲取更大的利益。

無數市場成功人士都曾果斷地運用過「李代桃僵」一法，他們高瞻遠矚，該捨就捨該棄就棄，才贏得了寶貴的發展良機，促進了自身的發展，使自己的事業步入了輝煌之境。

眼界放寬一點

實施「李代桃僵」的一個重要原則就是把眼光往高處看，從全局出發，從有利於企業發展的大局出發，對企業進行大規模的調整，把不利於

企業發展的一切利益一概捨去，從而全力以赴，把有利於企業發展的利益爭到手。

孰輕孰重一定要評估清楚，果斷地捨棄和犧牲，而捨棄的唯一標準，就是以全局的目光進行權衡與抉擇。

市場競爭之下，成功與風險同時並存，有許多企業從絕境中找到了生路，獲得了成功，也有許多企業陷入絕境一籌莫展，直至破產倒閉，其中的經驗教訓的確發人深思。在困境面前的應對措施是導致成敗的關鍵，其中成功的企業幾乎無一不是從全局出發，做全盤考量，明智地進行了「李代桃僵」的行動。

美國克萊斯勒汽車公司曾一度萬分輝煌，與福特、通用這兩大汽車公司鼎足而立，可是到了 1950 年代後期，克萊斯勒公司卻陷入了嚴重的困境，幾乎到了倒閉的邊緣。其後又苟延殘喘了 20 年，董事長李嘉圖雖然使盡渾身解數，卻沒能使公司擺脫困境。

就在這時，福特汽車公司的總裁福特二世傲慢自大，將頭號功臣艾科卡一腳踢了出去。李嘉圖頓時喜上眉梢，艾科卡可是汽車行業的一個奇才啊！既然福特二世不要，那我們去把他請來，為克萊斯勒汽車公司擺脫困境而效力。

艾科卡感念李嘉圖的誠意，於是爽快地答應了。李嘉圖勇於犧牲個人的名利，將董事長兼總經理的重任一併交給了艾科卡。艾科卡大權在握，雄心勃勃，他要大展雄風，把克萊斯勒公司重新領上快速發展的成功道路。

克萊斯勒公司內部組織之混亂著實讓艾科卡大吃一驚，僅副總經理就多達 35 人，他們各拉起小圈子，你爭我鬥，整天鬧得不可開交。從整體來考量，艾科卡不能容忍這種現象繼續下去，他大刀闊斧精簡體制，僅僅

3 年時間，就解聘了其中的 33 位副總經理，並大膽啟用新人，招募專業人才，徹底改變了以往公司內部的混亂局面。

正當艾科卡大展身手，想要把公司帶入正路之際，經濟衰退的厄運從天而降，整個美國在這場災難中艱難地抗爭著。克萊斯勒公司更是雪上加霜，困難重重。1979 年，他們生產的一批發動機和底盤竟然全部滯銷，一臺也賣不出去，克萊斯勒公司面臨著生死存亡的艱難局面。艾科卡迫不得已，只得當機立斷，再次實施「李代桃僵」。

艾科卡大舉裁員，前後兩次，自上而下，規模空前，僅這一動作就使公司節省五億美元的開支。一批虧損的部門被果斷關閉，一些陳舊的設備被大批出售。艾科卡又果斷地減低最高管理層人員的薪水，而他自己更是身先士卒，年薪僅有一美元，完全是為公司義務服務。在他的率領下，公司上下萬眾一心，經過 3 年的艱苦奮鬥，終於重獲生機，原先被解僱的工人也被他們一一招回。

1983 年，公司破紀錄地獲利 9.25 億美元，到了 1984 年，獲利 24 億美元，超過了克萊斯勒公司前 60 年的總和。到了艾科卡領導克萊斯勒的第 5 年，他就將貸款的本息全部還清了，而這比他的預定還清貸款的日期竟整整提前了七年。

克萊斯勒公司奇蹟般地起死回生，使世人不由得對艾科卡刮目相看，也不能不由衷地敬佩「李代桃僵」在這一過程中的發揮的奇效。

正是從公司發展的全局出發，李嘉圖「李代桃僵」，果斷地放棄了董事長和總經理的寶座，主動讓賢；也正是從公司發展和全局出發，艾科卡大膽調整管理階層，將 35 個副總經理裁掉了 33 個；正是從公司發展的全局出發，艾科卡面對困難重重的經濟衰退，大規模地裁員，關閉自己的部門和出售老舊設備，才做到輕裝上陣，迅速占領市場。

從全局出發，是正確取捨的關鍵。克萊斯勒公司在經濟衰退的沉重壓力下能夠力挽狂瀾，絕處逢生，艾科卡對「李代桃僵」一法的正確運用，起了關鍵性的作用。相信艾科卡成功的經驗必將帶給我們有益的啟示。

巧妙地找個替死鬼

在市場競爭中，有時自己可能會陷入極其尷尬的境地，為了挽回面子，避免影響自己乃至於企業的形象，常常需要找個替死鬼來給自己臺階下，這就好比讓李樹替桃樹受罪一樣。

有些企業主管一旦業務出了問題，便推下屬出去當替死鬼，其手段之毒辣讓人心驚膽寒。自己的名譽和地位雖是保住了，其下屬卻替他背了黑鍋。

雖然這種行為常常被人所痛恨，而且即使僥倖逃脫一次，總有一天也會自投羅網，因為多行不義必自斃。

然而，在市場經營中，在和對手談判時，為避免尷尬處境，巧妙地使用「李代桃僵」，找個替死鬼來替自己開脫，則表現了自己的機智，很可能會給對手留下極佳的印象，從而挽回已經造成的不良影響，促進雙方的合作。

日本奈良市環境優美，每年春夏兩季各國遊客總是蜂擁而來，美麗的小燕子也不失時機，從遠方飛來，為這良辰美景獻上優美的歌聲。

奈良的旅館成了小燕子築巢的最好場所，旅館的老闆和服務員都很愛護小燕子，熱情歡迎牠們的到來。

美中不足的是，小燕子們總是隨地大小便，弄得旅館飯店到處都是鳥糞，玻璃上、走廊上，總是沒有乾淨的時候，儘管服務員們異常勤快，但總是擦不勝擦。不僅旅客抱怨，服務員也不高興，但如果把小燕子趕走，

奈良又少了一景，多掃興啊！

奈良旅館的經理技高一籌，獨出心裁地運用「李代桃僵」之計，用小燕子的口氣向廣大旅客寫了一篇奇特的致歉信：

「女士們、先生們：

我們千里迢迢地從遙遠的地方飛來，希望能為你們的旅途帶來歡樂，希望能和你們一起共度這美好的時光。我們在這裡築巢、生育，我們的小寶貝在這裡成長，這裡的人們對我們非常好，讓我們流連忘返。

但我們有一個很不好的習慣，就是至今仍沒學會使用抽水馬桶，不懂得應該到什麼地方方便才合適，因此常常弄髒你們的走廊和玻璃。我們覺得很過意不去，心裡很不安，請你們務必原諒我們，我們會為你們獻上好聽的歌曲，讓你們過得開開心心。

請你們千萬不要責怪服務生小姐，她們已經非常辛苦了，天天不停地擦洗。她們沒有錯，錯在我們。

請你們消消氣。服務生小姐馬上就來，保證會擦得乾乾淨淨，讓你們滿意。

你們的朋友小燕子」

小燕子承擔了一切過錯，信中天真爛漫的語言讓每一個遊客都頓時忘記了小燕子造成的不快，個個樂得哈哈大笑，奈良飯店就這樣巧妙地找到了一個替死鬼，幫自己下了臺階，擺脫了這個尷尬局面。

在市場競爭的許多場合，將會不斷地遇到諸如此類的尷尬場面，為了幫自己脫身而使用「李代桃僵」，巧妙地找個替死鬼，能很好地展現自己處理問題的機智，贏得對方及周圍人的敬意。

雖說用「李代桃僵」來為非作歹不值得稱道，但用來為自己擺脫尷尬處境，形成一種有利的融洽氣氛，還是值得諸位朋友嘗試的。

順手牽羊

在唯利是圖，錙銖必較的市場上，「順手牽羊」儘管顯得不大氣，常被人嗤之以鼻，但事實上，就算是一些赫赫有名的市場大亨，當「羊」不期而遇地出現在眼前、唾手而得時，還是會怦然心動，把牠牽進自己的「羊圈」中。

順手牽羊並不需要花多大的力氣，卻常有四兩撥千斤之奇效。

當然，作為一種商戰奇謀，順手牽羊並不是成天坐等「羊」自動上門——這樣就有點像「守株待兔」了；商戰中，有時「順手」只是表面，「牽羊」才是本質。想要「牽羊」卻做出「順手」的樣子，不露聲色，才是順手牽羊的高境界。

「痞子交易員」的牽羊之舉

尼克·李森是 20 世紀金融舞臺上的風雲人物，他因嚴重的違規操作，到了 1995 年，已使英國巴林銀行虧損 8.5 億英鎊，致使號稱英國金融界的巨船的巴林銀行宣布倒閉，從此沉沒。自稱「痞子交易員」的他也鋃鐺入獄。

這樁舉世震驚的醜聞使李森臭名遠揚，不過「痞子」到底是「痞子」，李森很快從中發現了賺錢的訣竅，「順手牽羊」地撈一把。

在監獄裡他沒有閒著，把搞垮林銀行的經過津津樂道地寫了下來，書名就叫《痞子交易員》。憑著這本書，他居然賺進了 75 萬美元的稿費，真可以算是一個奇蹟。

只不過是舉手之勞就順利地牽進了一隻「肥羊」，本以為醜聞是一件

壞事，誰能料到竟能換來大把鈔票，而且金錢還不斷送上門來，真是「不要白不要」。

幾年之後李森出獄，英國各家小報紛紛找上門來，都希望能把他的下一本書版權拿到手，其中《每日郵報》開出了高達10萬英鎊的巨額稿費，其他幾家小報也不甘示弱，紛紛以高稿費跟李森頻繁接洽。

儘管英國報業投訴委員會有明文規定，各種媒體不得向犯人購買描述其犯罪的資料，但這些小報卻振振有辭：李森在獄裡患上了癌症，這樣做是為了給李森治病，同時李森的經歷與公眾利益有密切的關係，不違反報業投訴委員會的規定。

李森不需出面，賺錢的機會就自動送上門來，傻子才會不「順手牽羊」呢！難怪李森會樂不可支了。

對個人如此，對一家公司同樣如此，當生意送上門來，經營者所要做的只不過是伸出手去，把生意抓到手中，把這隻「肥羊」「牽」進自己的「羊圈」裡。

大葉高島屋是臺北市久負盛名的百貨公司，專櫃人員對送上門來的生意，都是很會「順手牽羊」牢牢抓住的。

有一對即將結婚的年輕男女到家電櫃檯購買高級組合音響，他們在一臺高級音響面前猶豫不決，專櫃人員見狀，立即不失時機地上前，熱情介紹這臺音響的特點、操作方法和用戶評價，並進一步推薦試聽，促使那對準夫婦興高采烈地掏錢買下了這臺音響。

這種情況在市場經營中經常可以看到。對於送上門來的生意，一定要千方百計抓到手中。抓住了，就輕輕鬆鬆地賺一筆錢；抓不住，也證明你的無能。千萬不可小看這些不起眼的生意，每天抓住一點，同樣可以積少成多，讓你日進斗金。

商家牽羊，多多益善

韓信用兵，多多益善。對於市場中的生意人來說，順手牽羊也應是多多益善。

「順手牽羊」之所以被一些生意人看不上眼，是因為這樣獲得的往往是蠅頭小利。他們常常心氣高遠，夢想著一次賺個千百萬，一夜成為百萬富翁。豈不知沒有本事賺小錢的人，所謂的「發大財」的豪言壯語，也不過是痴人說夢罷了。

千里之行始於足下，經商發財的路也是一步一步走出來的，抱著「一分錢也要賺」的良好心態，微利必得。必將使你的收益步步增高。

不要小看街頭小販為了幾塊錢而計較，如果有了這種精神，進行大筆生意往來時，賺取的絕對不是十元百元的小錢，而是一筆可觀的收入了。

經貿洽談會上，臺北一家公司打算從日本進口一種儀器，日方報價為每臺 350 美元，這是國際市場的價格。我方則提出希望能再優惠　些，日方於是降到 345 美元，我方又提出能否降到 340 美元，經過多輪談判，日方終於讓步。

我方原本打算進口 1,000 臺，現決定增加 500 臺，於是又提出能否再降一些，日方反覆考慮，最後決定再讓利 2 元，最後以 338 美元成交。

日方希望用日元成交，我方堅持用美元成交，我方提出，當時美元正處於下跌之中，如一定要用日元成交，將按 335 美元予以折算。接著，在投保、運輸等方面又幾經談判，我方又得到了一定的實惠。

別小看這一點一滴的優惠、讓價，最後我方實際進口成本還不到 330 美元，每臺便宜 20 多美元，1,500 臺就是 3 萬多美元，已經是相當可觀了。

「一分錢也要賺」，就是要我們做到寸土必爭，寸利必得。不要嘲笑

這是小家子氣，事實上，有些世界聞名的巨富，正是從不起眼的生意做起，從而獲得巨大的成功。

日本福崗市有一家叫做尼西奇的公司，本業是生產雨衣、游泳帽等產品，一個偶然的機會，老闆多川博發現了一個被市場人士遺忘的角落：為嬰兒生產尿布。當時，各大企業對此不屑一顧，小企業也嫌它無利可圖，但年年都有數百萬嬰兒降生，這無疑又是一個極富潛力的市場。

多川博是個「一分錢也要賺」的認真的商人，別人看不上，他去做；別人不願做，就等於把機會送到了他的面前。他決定轉為生產尿布。還特意把企業也更名為「尼西奇尿布公司」。

他響亮地提出了「提高品質，增加品項」的口號，致力於採用新材質、新技術、新設備，使「尼西奇」尿布成為市場上的搶手貨。

經過數十年不間斷的改進，「尼西奇」尿布進入了日臻完美的第三代，克服了前兩代的缺點，無論是吸水性，還是透氣性，都達到了前所未有的程度。

到了 1980 年代，「尼西奇」尿布不僅壟斷了日本市場，而且遠銷到世界上 70 多個國家，多川博成為當之無愧的「尿布大王」。

為什麼在別人眼裡無利可圖的小小尿布，居然為多川博賺到了巨額的財富和顯赫的聲譽？很簡單，就是因為「一分錢也要賺」這個核心思想在發揮作用。

只有樹立了「一分錢也要賺」的思想，才能在人人都忽視的角落發現發財的機會，才能讓人不可思議地「順手牽羊」成功。

勿因利大而盲目投入，勿因利小而輕易放棄，廣泛市場大有可為，只有腳踏實地的行動，才能從別人都不看好的地方殺出一條生路，才能創造別人都吃驚的財富奇蹟。

要牽「羊」，不要牽「狼」

「順手牽羊」重點在抓住時機。能使你意外發財的機會總是稍縱即逝，抓住了，財富就落入自己袋裡；抓不住，也無關大局，頂多只是可惜地嘆口氣。

日本樂器公司因成功地推出「YAMAHA」系列的樂器而聲名大噪，每年都有很可觀的收益，按理說應該心滿意足了。

但日本樂器公司可不是這麼想，「YAMAHA」的牌子正如日中天，何不利用這個牌子，再「順手牽羊」多撈取一些利益？

機不可失，過了這個村就沒有這個店了。於是，以「YAMAHA」為牌子的體育器材、辦公傢俱、摩托車一一問世，搭著順風車，全都成了暢銷貨。

「YAMAHA」的成功就是抓住了時機，趁自己的品牌紅透世界的時候，「順手牽羊」，又在廣闊市場中拓展了自己的生存空間。

抓住時機是「順手牽羊」成功的前提，若出手稍慢，很可能使已經到手的財富白白失去，讓人心痛不已。而一旦抓住了，意想不到的財富就會輕輕鬆鬆地送上門來，這也會讓人驚喜不已。

日本石油公司經過幾十年的發展，在全國各地建立了無數個加油站。1970 年代，一個叫鳩實的公司職員提出了利用這種便利性在加油站周邊發展副業的建議，獲得了董事會的一致通過。

於是，全國各地的加油站附近不約而同地出現了小超商、小吃店等，為進出加油站的司機提供了方便。不久後，又別出心裁地推出了「貴賓卡」，持有「貴賓卡」的司機可享受優惠油價，光顧石油公司經營的飲食娛樂場所可享受 10%以上的折扣，大受司機們的歡迎。

最終的結果讓石油公司的股東們都大感意外，這些依附於加油站的副業蒸蒸日上，居然超過了主業收入。

日本石油公司沒有錯失時機，本來打算「順手牽羊」賺點小錢，沒想到卻「牽」來了一隻特肥的「羊」。

大公司如此，街坊巷弄的小商販同樣也能利用此計，走向成功。

美國人佛勒從小受盡了貧窮的折磨，十八歲那年他獨自跑到波士頓工作，有一餐沒一餐地打發著日子。迫於無奈，他做起了別人看不上、也不願做的兜售刷子的行業。這完全是小本經營，他到處拉客，跑斷了腿，說破了嘴，從一分一角賺起，直到開起刷子加工廠。

他深刻領會「一分錢也要賺」的真諦，在艱難的創業過程中，憑著勤勞的本色，抓住別人都不願販售不起眼的刷子的良機，讓自己逐漸成了富翁。

「二戰」爆發了，他發現美國士兵仍用布條擦槍，他靈機一動，這可是個機會呀！何不製作一種專用於擦槍的刷子？結果他成功了，他抓住了這個稍縱即逝的良機，生產出了專門擦槍的特製刷子，美國軍方一次就購買了 3,400 萬把，讓他賺到了很大的一筆錢，從此奠定了他「刷子大王」的牢固地位。

抓住稍縱即逝的良機，果斷地「順手牽羊」，有時獲得的財富會讓自己驚喜不已。不過值得注意的是，在「牽羊」時一定要睜大眼睛，倘若牽的不是「羊」而是「狼」，或一隻披著羊皮的「狼」，那就有傷及自身的危險了。

打草驚蛇

當強大的對手咄咄逼人地攻來的時候，我方如能巧妙地利用當時的天時地利人和，製造出一種遠遠強於對手的宏偉氣勢，定能使對手知難而退，從而達到我方的目的，從對手面前搶走豐碩的果實。

市場裡的「蛇」潛伏在草叢中，「打草」具有兩個作用：一，把蛇「驚」跑，以防暗算；二，逼蛇現身，下手捕殺。

用聲勢嚇退對手

走慣山路的人都知道，為了避免被毒蛇咬，最好的辦法就是拿一根竹棍，邊走邊擊打草叢，把毒蛇驚走。

這一常識被運用到軍事戰爭中，就是有意製造一種盛大的聲勢，把敵人驚退，從而避免了血腥的廝殺，確保了一方平安。

「打草驚蛇」是一種不戰而勝的高明計策，強調攻心為上，攻城為下，是典型的智慧較量。

在市場競爭中，常會發生大魚吃小魚的兼併事件。大企業常常倚仗著強大的實力，威脅小企業說，如果和我們作對無異是自尋死路，還不如和我們合作，加入我們的企業。小企業懾於大企業的聲威，自知不能以卵擊石，於是只好乖乖地接受兼併的條件。

這類事件屢見不鮮，大企業兼併小企業成功也沒有什麼稀奇，不過是憑藉實力說話，以大欺小罷了。不過這也正好吻合了「打草驚蛇」的特徵，可以算此計最常見的一種應用吧！

如果能使用此計，成功地嚇走實力遠遠強於自己的對手，那才叫人拍

案叫絕，那才算得上是運用此計的經典之作。

這種敲山震虎式的虛張聲勢，不僅有助於打造金剛不壞之身，使強敵不敢正面侵犯，而且勇於虎口奪食，膽敢以弱鬥強。

浪蕩公子保羅‧蓋提是聲名顯赫的喬治‧蓋提家族的唯一繼承人，但由於他一向遊手好閒，肆意揮霍卻又學業無成，因此受到了父親的嚴屬制裁，再也無法從父親那裡要到一分錢，因此他下定決心，要闖出一番事業給父親看看，以徹底改變自己在父親心目中的形象。

當從奧克拉荷馬州傳出泰勒農場蘊藏極其豐富的石油的消息後，他立刻驅車前往，決心把泰勒農場買到手。

一到泰勒農場，他就吃了一驚：實力雄厚的荷蘭皇家殼牌石油公司和史格達家族早已對泰勒農場虎視眈眈，而自己的蓋提家族實力最弱，希望也最渺茫。

只有泰勒農場的主人泰勒這時最高興，三家石油商你爭我鬥，他這片600英畝的土地肯定能賣出個好價錢。

保羅‧蓋提靈機一動，想出了「打草驚蛇」之計，他要製造一種極其顯赫的聲勢，把那兩個強大的對手一一嚇退。

於是，他喬裝打扮，聲稱自己是舉世聞名的大銀行家克里特的代理人格爾曼。他又專門從遠處的鄉村裡僱了一個農夫，扮作從北方來的大富翁巴布。

大富翁巴布首先登臺亮相，出現在泰勒農場。為了表現自己的闊綽，他將大把大把的硬幣拋給沿路的孩子，他專程去找泰勒，提出用2萬美元買下農場，泰勒拒絕了。

幾天後，格爾曼以更闊綽的姿態出現，引得當地的《塔爾薩世界報》對他進行了連日追蹤採訪，大造聲勢。他向泰勒請求用25,000美元的巨資

買下農場，泰勒仍沒有答應。

扮作格爾曼的保羅・蓋提心裡非常清楚，他已經私下請當地著名的地質學家對泰勒農場的石油蘊藏量進行了評估，知道它至少值 4 萬美元。如今他開出 25,000 美元的價格，已經相當高了。

然而泰勒仍不滿足，他已被這天大的喜悅沖昏了頭腦，不懂得見好就收。他將泰勒農場的土地交給了拍賣行，只希望這些大公司角逐的結果能讓自己的土地賣出一個更高的價錢。

紳士巴布和銀行家克里特的新聞被當地的報紙、雜誌炒得沸沸揚揚，成了輿論關注的焦點。至於史格達家族、殼牌石油公司、蓋提家族，則在這兩人的顯赫聲勢下顯得渺小無比，看來這三家公司只有退出競爭，才是最明智的。

拍賣會如期召開了，那三家石油商果然不見蹤影了，只有巴布和格爾曼得意地坐在會場上。競拍由 500 美元起價，當格爾曼喊出「1,100 美元」時，巴布就不再喊價了。

泰勒農場以 1,100 美元的低價拍賣成功！這情景令在場的所有人都目瞪口呆，農場主人泰勒更是心如刀絞，放聲痛哭。

一切已成定局。格爾曼為銀行家克里特奪得農場後，又轉手交給了蓋提家族。蓋提家族在這片土地上獲得了巨額的財富，開採的石油價值超過 10 萬美元。

多年以後，人們才了解到事情的真相，這才明白原來是保羅・蓋提巧使「打草驚蛇」之計，喬裝改扮，營造出驚人的聲勢，嚇退了那兩個強大的競爭對手，奪得了這片寶地。

這次的成功，不僅使蓋提家族輕而易舉地賺了大錢，也使父親改變了對保羅・蓋提的看法。保羅・蓋提之後接替父親執掌公司大權，更是連創

輝煌，最終使自己的財產達到了 60 多億美元，成為極其顯赫的巨富。

他運用「打草驚蛇」的這番作為，放在現在的市場環境中，是要被處以詐騙罪的，但在當時卻沒有法律約束，雖然說給世人留下了很壞的印象，卻並沒有影響他大把大把地賺錢。

製造聲勢嚇退對手。在當今的市場競爭中同樣需要。只是這樣做的時候千萬要記住，不能觸犯法律，不能做違法亂紀的事情。

逼其現形再消滅

面對風雲變幻的市場，任何市場人士都不敢稍有懈怠，因為他們深深地明白，任何一個微不足道的疏忽，都有可能被對手利用，從而造成自己全盤皆輸。

對市場的透澈分析，對競爭對手和我方實力的正確評估，就成了至關重要的決策依據。因此，先調查後行動，被市場人士當成必修功課，進行孜孜不倦地研究。

所謂調查，就是一種「打草驚蛇」式的措施。在這裡，「打草驚蛇」不是為了嚇退對手而進行的虛張聲勢，而是變成採取穩妥而高明的手段，去研究市場的各個方面，把所有的不利因素統統找出來，以便採取有針對性的措施加以解決。這就好比用竹棍把隱藏在草叢中的毒蛇趕出來，然後再加以消滅一樣。

這種「打草驚蛇」式的調查是為了暴露問題，找到克敵制勝的法寶。只有明察秋毫的高手才能機敏地完成這個步驟，不動聲色地採取行動，從而把自己煉成金剛不壞之身，在市場中立於不敗之地。

美國企業家克伯特走馬上任擔任董事長的那一年，他的公司居然虧損

了 600 多萬美元，嚴峻的現實擺在他的面前。

克伯特採取了「先調查後行動」的正確措施，對公司失敗的原因和市場當前狀況進行了透澈分析。他發現，公司本是生產磁帶和微縮膠片的，在這些產品中具有較強的競爭力，而現在卻放棄了自己的強項，在高科技領域尋求發展，由於自身缺乏高科技方面的競爭力，因此才會連戰連敗。

找到了問題的關鍵所在，他毅然對公司業務進行了調整，全力以赴開發電腦微縮膠片和電腦磁片，成為在這個領域最有競爭力的低成本製造商。在此基礎上，他進一步推出了微縮膠片閱讀機、膠片閱讀複印機、銀模膠片等產品，確立了公司在市場中的優勢地位，最終戰勝同行業中的強大對手，成為在這一市場領域呼風喚雨的強者。

克伯特的成功就在於正確運用了「打草驚蛇」，把公司存在的問題一一挖掘出來，發展自己的優勢產品，果斷放棄了自己的弱項，因此得以迅速扭轉局面，在行動中取得了輝煌的勝利。

進行調查的方式是多樣的，為了達到「打草驚蛇」的目的，一切奇招、怪招都可大膽採用，以便更準確地獲取情報，為隨後的行動提供正確的依據。

某大集團董事長走馬上任之初，為了徹底了解這家公司的現狀，以便採取正確的行動，他這個公司的最高領導人居然做出了一件讓所有員工都感到不可思議的事情：每天一走進公司大門，首先就拿起一把掃帚去打掃廁所。

人們非常奇怪地問他，別人都是新官上任三把火，你為什麼偏偏去掃廁所呢？

他說：「掃廁所不等於不點火，注重形式遠沒有腳踏實地動手去做效果更好。」

員工們見他沒有擺出官子，平易近人，於是紛紛找他暢所欲言，對公司的現狀和存在的問題提出了許多中肯的建議。

另一個大集團在發展初期，曾發生過一次砸冰箱事件，也起了良好的「打草驚蛇」作用。

當時的砸冰箱事件，是將一批有瑕疵的冰箱當著全體員工的面用錘子砸毀，令全體員工們深切地認識到「品質」二字的分量。

打一打員工心頭的「草」，讓潛伏的「蛇」暴露無遺，然後趕走它們，不失為一個治理企業的高招。

借屍還魂

對於潦倒的企業或商業對手，我們可以擁有它，為其注入新鮮活力，使其重煥生機。

「借屍還魂」是指由我方支配對方，而不是對方來支配我方。

剔除「借屍還魂」中的迷信因素，這裡面更多地包含了起死回生的含義。如何妙手回春，讓病入膏肓的病人擺脫生命危險，重獲健康？

運用到市場競爭上，就是運用智謀，將瀕臨倒閉的企業帶入生路，將陷入不利處境的商品推上萬眾矚目的展臺，將受人輕視默默無聞的各類資源挖掘出來使其大放光芒。

兼併其他企業

兼併其他企業，在其他企業的軀體裡注入自己的「魂」，令其重新煥發生機，是市場經濟中常見的一種「借屍還魂」手段。

在 H 集團的發家史上，就曾兼併了電鍍廠、冷氣廠、冰箱廠、電器廠等數十家企業。透過一系列兼併和收購，H 集團擁有了近 100 億元的存量資產，初步完成了集團的產業布局和區域布局，取得了明顯的經濟效益。近 5 年，H 集團的工業銷售額以年平均 69.1% 的速度遞增，1997 年突破 108 億元。

市場經濟條件下，企業兼併是風險很大的資本運作，H 集團經過多年摸索，已總結形成一套充分利用自身優勢，以無形資產帶動有形資產，以 H 集團式管理、文化救活虧損企業的兼併謀略，在歷次兼併中屢試不爽。

H 集團選擇的兼併目標很有特點：主要選擇技術、設備、人才素養均

優良，只是管理不善，處於休克虧損狀態的企業，H 集團稱之為「吃休克魚」。H 集團選擇「休克魚」是基於以下兩個考慮：首先，體制不順使效益好的企業沒有兼併的動力，真正以資本為紐帶的強強聯合，在國內條件尚不成熟；其次，資金匱乏，使優勢企業無力兼併那些需要巨大投資的虧損企業。企業出現虧損的原因多種多樣，但企業經營機制不健全、管理不善是普遍的根本原因。對於被兼併的企業，注入資金、技術固然重要，但這只是外部條件的優化，可以治標，卻不能治本。因此，關鍵在於解決企業發展動力和經營機制問題，化輸血為造血。H 集團選擇那些硬體不錯、只是管理不善的企業，透過輸入 H 集團的管理和文化模式，可以很快使它起死回生，從休克狀態甦醒，變得很有活力。

　　S 電器公司是 H 集團實施低成本擴張的成功之作，被併購的 S 電器公司符合 H 集團「吃休克魚」的兼併策略。該公司硬體設施良好，因管理不善造成企業停產一年多。合資後，H 集團洗衣機本部僅派去了 3 名管理幹部，但帶去的卻是 H 集團精心培育多年的管理模式、企業文化及雄厚的科學研究開發能力。6 週後，新公司第一臺洗衣機誕生，隨後大批高品質的洗衣機走下生產線，原 S 電器公司的人不得不驚嘆 H 集團的速度。而值得一提的是，帶動這條「休克魚」的洗衣機本部，正是 2 年前被 H 集團認作是「休克魚」的某電器廠。短短 2 年時間，在 H 集團管理文化模式浸潤下，昔日「休克魚」不僅自己甦醒，在市場中縱橫馳騁，而且又催醒了另一條「休克魚」。

　　H 集團兼併成功的謀略有其獨到之處，也具有一般指導意義。在兼併過程中，企業集團只有結合自身優勢，揚長避短，抓管理、重品質、樹立品牌意識，以市場為導向，正確選擇集團產業結構和區域布局，才能真正收到「1＋1＞2」的績效。

● 調虎離山

「引誘對方離開根據地」，是「調虎離山」的精髓所在。儘管引誘的方式各不相同，但目的卻出奇地一致，讓對方上當，乖乖按照我方的安排，離開他們堅固的陣地和牢不可破的根據地，走入我方設下的圈套中，再予以毫不留情地消滅。

在市場競爭中，面對強大的對手盤踞在他們掌握了絕對優勢的地盤中，如果不顧一切地向他們發起硬攻，往往會因為自己的勢單力薄碰個頭破血流。明智的措施是把對方引入他們不熟悉的競爭領域，在自己的地盤上，再憑藉有利的天時地利人和，打對方一個措手不及，達到有效戰勝對方的目的。

市場寬廣無邊，就算競爭對手是一個巨人，也不可能在所有的領域、在所有的地域都占盡優勢。針對對手的弱點，設下高明的圈套，選擇得力的措施，巧妙地「調虎離山」，以便集中優勢兵力，擊敗對手。

虎落平陽被犬欺

即便競爭對手真的是一隻「虎」，一旦離開了山林，來到了遼闊的平原上，也要受到群「犬」的欺凌。

實施「調虎離山」，就是要達到「虎落平陽被犬欺」的目標。「虎」在「山」中稱王稱霸，一旦離開了牠牢固的領地，陷入完全陌生的境地，就再也不能八面威風，反而步履維艱寸步難行。

在市場競爭中，就要經常思考使用這樣的方法，把競爭對手引到完全陌生的環境或地域中去，再借助天時地利人和的優勢，戰勝對手，實現

「虎落平陽被犬欺」的目標。

臺灣頂新集團與統一集團都是經營泡麵的，在臺灣市場上你爭我鬥，長達幾十年的較量，頂新集團一直都無法動搖統一集團的霸主地位，名氣和實力都比對手略遜一籌。

既然硬攻不下，何不來個「調虎離山」，以實現「虎落平陽被犬欺」的目標？頂新集團主意已定，立刻把眼光瞄準了中國，他們經過一番籌劃，推出了「康師傅」泡麵，很快投入中國市場。

當時中國大陸的泡麵生產雖有十餘年歷史，但普遍品質低下，價格低廉，千篇一律，群龍無首。

「康師傅」一經問世，就不同凡響。不僅品質精良，湯料香濃，而且包裝新穎，杯裝、袋裝應有盡有。

「康師傅」的名字也與眾不同，再經過報紙、電視鋪天蓋地的廣告「轟炸」，頂新集團的大名就如雷貫耳了，就連不懂事的小孩，也吵著鬧著要吃「康師傅」。

「康師傅」迅速占領了全中國的泡麵市場，平均每天生產30萬包，以巨大的投資和龐大的規模確立了自己的霸主地位。統一集團看穿了頂新集團的心理，雖然明白這是對方的「調虎離山」之計，但一貫在臺灣市場稱王稱霸的統一集團，還是無論如何也不相信，自己離開了臺灣這個根據地，就會寸步難行。

於是，統一集團也推出了「統一麵」大搖大擺地向中國市場殺來，雖也有鋪天蓋地的廣告助陣，但「統一麵」還是收效甚微，在這個陌生的市場怎麼也不暢銷。

這下子統一集團不相信也不行了：自己這隻稱王稱霸的「山中猛虎」，一旦離開了根據地，居然真的落了個「被犬欺」的下場。

頂新集團成功地實現了「虎落平陽被犬欺」的目標。之所以成功，是因為他們率先闖入大陸市場，創造了有利於自己的天時地利人和，再用自己的輝煌成果吸引統一集團不顧一切地前來爭奪，迫使對手離開了根據地，在陌生的環境裡陷入步履維艱的境地，從而完全戰勝了對手。

在市場競爭中，常常要面對貌似強大的對手，常常陷入久攻不下的艱難局面。如果這時還一味地硬拚，即使僥倖取得一定的勝利，也往往因為損失過於慘重而得不償失。與其那樣，還不如巧使「調虎離山」之計，將對手引入完全陌生的領域，在天時地利人和都對我方有利的情況下，再實施攻擊，必能一舉成功。

「虎落平陽被犬欺」是一個極為形象化的說法，市場人士只有深刻領悟其中的道理，巧用「調虎離山」計謀，才能戰勝一個又一個強大的對手，使自己由弱變強，並最終能主宰局面，獲得極其有利的地位。

將對方的「虎」調到自己的「山頭」

香港的亞洲電視長期以來受到無線電視的欺壓，無論他們推出什麼措施，無線電視馬上就採取強硬措施，給予他們迎頭痛擊。亞洲電視只能忍氣吞聲，居人之下；而無線電視卻如日中天，聲名遠播，以至於許多香港市民只知道無線電視，而不知道亞洲電視。

亞洲電視之所以屢戰屢敗，是因為他們不懂得運用靈活的計謀，而一味地和無線電視在不屬於自己的地盤上硬拚。無線電視已經占據了天時地利人和，亞洲電視還不能另覓良機，出奇制勝，難怪要運吃敗仗了。

優秀的節目搶不到手，當紅影星歌手請不到自己的節目來，著名主持人全在對方陣營，亞洲電視勢單力薄，被無線電視壓得抬不起頭來，已成為不爭的事實。

迫不得已，亞洲電視股權再次易手。新股東來勢不凡，對亞洲電視進行了全面整頓，決心改變這個極其不利的局面。但由於對手過於強大，亞洲電視在表面上絲毫不敢聲張，在世人面前繼續扮演一個弱者的角色。

經過緊鑼密鼓的籌劃，反覆權衡了對手的特點，亞洲電視決定放棄以往死拚硬攻的愚蠢辦法，運用「調虎離山」，在對手不熟悉的地盤上進行競爭，務求一戰取勝，奠定崛起的基礎。

亞洲電視精心選擇了當年的新春大型綜合節目。在春節期間電視的收視率是極高的，如果精心部署，一定能給對手迎頭痛擊，讓無線電視在不屬於自己的地盤、不占盡天時地利的情況下一敗塗地，從而極大地鼓舞亞洲電視的士氣，乘勝前進，迅速崛起。

大年初二晚上的維多利亞港煙火獨家贊助權，被亞洲電視耗資 200 多萬港幣一舉奪得。由於賀歲煙火只有二十分鐘，最精彩的部分當然是那場四小時大型綜合晚會了，這次機會太難得了，只能成功，不許失敗。

亞洲電視為了這四個小時的大匯演，不僅全臺人士一起上陣，而且不惜巨資四處求援。請恆信公關公司為自己大張旗鼓的宣傳，更了請與影視界關係密切的劉天蘭出面力邀影視明星們。

雖說港臺明星都以到無線電視亮相為榮，但由於劉天蘭出色的安排，諸如吳耀漢等一眾明星出現在亞洲電視的螢幕上。這次的晚會異常出色，司儀馮淬凡、曾志偉把晚會氣氛不斷推向高潮，周潤發、成龍等天王巨星也在晚會上吸引了香港觀眾的目光，光彩照人。還有一些明星同時在兩個電視臺露面，也為亞洲電視的這場晚會增輝不少。

將對方的「虎」調到自己的「山頭」，亞洲電視運用「調虎離山」之計，在新春大型綜合節目上給老對手無線電視一個迎頭痛擊，取得了比預想好得多的戰果，壯大了自己的聲威，贏得了觀眾，改變了以往的弱者形

象,初步打開了戰局,為在今後幾年裡的迅速崛起奠定了勝利的基礎。

你對手陣營中的技術專家、行銷高手都是對方「山頭」的「虎」,若能透過某種手段「挖角」到他們,你在市場上的勝算自然倍增。

可見,「調虎離山」不僅是將軍的看家本領,也是市場人士所不可缺少的制勝法寶。面對強大的對手,將對方的「虎」調到自己的「山頭」,才是上上之策。

● 欲擒故縱

面對強悍的對手，若一時無法取勝，最聰明的做法是放棄強攻，給敵手一條生路，讓他拚命逃竄，並在追擊的過程中發現他的弱點，等他筋疲力盡，元氣大傷時，再一鼓作氣，將他拿下。

「欲擒故縱」作為一種出奇制勝的計謀，在廣闊的市場上具有極高的使用價值，能使出招者不僅獲得巨大財富，同時又練就了自己的金剛不壞之身，在驚濤駭浪中立於不敗之地。

縱是為了擒

「欲擒故縱」的「縱」，絕不是毫無原則無目的的「縱」，絕不是放虎歸山，而是為了「擒」，在「縱」的過程中時時掌握對方的動向，洞察對方有意無意出現的漏洞，讓我方時刻處於攻擊的有利位置，只要時機成熟，就果斷出擊，就能手到擒來。

千萬不能讓對方逃脫我方的視線，逃離我方的掌握，如果那樣就是只有「縱」沒有「擒」，讓對方從此逃走，東山再起，貽害無窮。

所以，「縱」要有一定的尺度，達到收放自如的境界，「擒」則要有擒的把握，無論在任何時候都不能縱虎歸山。

「七星」是日本七星公司生產的一種知名香菸，為在市場上一炮而紅，在強敵林立的世界香菸市場爭得有利的地位，他們把「欲擒故縱」之術施展得轟轟烈烈，還曾一度因為「縱」的尺度而產生巨大的分歧，但董事長英明果斷，把這個計謀貫徹到底，終於成功地在世界香菸市場贏得了巨大的聲譽，由一家默默無聞的公司赫然成為世界知名香菸廠商。

七星公司的果敢措施就是每個月免費贈送給各城市的名人兩條香菸。巴黎服裝設計大師、西班牙著名作家，法國汽車設計師等歐洲大名鼎鼎的人物許多都對香菸情有獨鍾，常在公眾面前吸著香菸自得其樂，於是這些名人全部上了七星公司免費贈菸的名單。他們無一例外地受到了七星公司贈菸人員的一番吹捧，不免有些飄飄然。贈菸人員再向他們呈上兩條高檔「七星」香菸，聲稱這是專為世界名人生產的香菸，只有世界名人才配享用，並且以後每個月還免費寄贈兩條，請他們試用。這些話無形中進一步抬高了他們的身價，於是他們都毫不猶豫地改抽起「七星」香菸。

由於當時市面上根本見不到這種牌子的香菸，再加上這些世界名人都不約而同吸起了「七星」，於是「七星」也就身價倍增，居然在人們心目中成了地位和身分的象徵。

短短幾個月時間，七星公司就憑著這種方式，與歐洲 120 多個城市中的名人聯絡上了，其中每個城市都至少接洽了 30 個名人，每人每月免費贈送兩條香菸，所需的費用相當驚人，七星公司單單此項開支，每月就高達 2,000 萬日元。幾個月下來，連七星公司的股東們都心疼起來了，於是有人指出「欲擒故縱」雖然是正確的，但「縱」得未免太過火了，只怕還沒達到「擒」的目標，就先把自己的財務拖垮了。要知道，還沒有哪一家公司會做出如此慷慨的舉動啊！

七星的董事長高瞻遠矚，認為如果此時停止這項行動，「擒」的目標恐怕很難達到，雖說「縱」的手法有些鋪張，但和最終的收益相比還是很划算的，而且經過這幾個月的實施已經初見成效，如果放棄，豈不是前功盡棄？

然而七星公司的資產正在日夜減少，這的確是個令人憂心忡忡的事實，而且這般大張旗鼓的宣傳，已超過計畫開支三倍，確實也很難讓公司

繼續承擔下去。

在「縱」與「擒」的尺度上進行了一番激烈的爭議，最終達成了一致，這次行動將提前一個月結束。

當歐洲120多個城市的3,600多位名人不約而同地抽起「七星」香菸，從而帶動了人們的競相效仿，紛紛認為抽這種牌子的香菸能抬高了自己的身價時，那些名人們卻再也收不到免費寄來的香菸了，只得到了七星公司的一張簡短的告示，聲稱自己的公司再也無力承擔這種舉動，因此不得已只好停止贈菸，而這時各大城市到處已都有這種香菸出售，若有需要可以自由購買。名人們連呼上當，但為時已晚，「七星」早已借助他們的影響力，在這短短幾個月時間裡，成為風靡歐洲大陸的香菸名牌。

「縱」得轟轟烈烈有聲有色，「擒」得機智巧妙手到擒來，在很短的時間裡，「七星」香菸就成功地戰勝許多名牌香菸，成為令人刮目相看的世界名牌，每天的銷售量也成倍地增加，公司獲得了非凡的收益。

七星公司以每個月2,000萬日元的巨大代價，創造了世界商業史上的奇蹟：在不到一年的時間裡，由默默無聞的品牌一躍成為世界名牌，而且創造了銷售量世界第二的輝煌戰果。

「縱」得有目的，「擒」得有把握，七星公司以罕見的膽識與魄力，實施了令人瞠目結舌的「欲擒故縱」，獲得了舉世矚目的成功，被廣大市場人士讚不絕口。

沒有哪一個商人會那麼傻，白白地扔掉大把大把的鈔票，一旦他們這麼做了，就一定懷有另外的目的，「欲擒故縱」是他們慣用的招式，只不過有的使用得非常成功，有的卻由於種種原因而出力不討好。

給對方一些甜頭，是「縱」；令對方不知不覺地上當，達到我方的目的，是「擒」。如何「縱」，「縱」到什麼程度，何時「擒」，用什麼方

式「擒」，都大有講究，在使用此計時不可不明察秋毫。

巧妙地使用「欲擒故縱」，能在很短的時間裡吸引顧客，戰勝對手，占領市場，這般神奇的效果，讓無數市場人士怦然心動。

巧用價格槓桿

市場競爭千變萬化，漲價與跌價就如同潮起潮落，起伏不定。有人認為價格起落沒有一定的規律，這是大錯特錯；有人認為價格槓桿很難控制，只能隨波逐流，同樣也是不正確的。

價格既要受客觀因素等多方面的影響，又要受到人為主觀因素的調控。如能巧用價格槓桿，使自己的商品能夠物美價廉，就能在市場競爭中處於有利的地位。

這同樣是「欲擒故縱」的手法，這種手法往往以各種方式的降價出現，使消費者得到一定的實惠。

在全球性石油危機的打擊下，世界上的許多汽車公司陷入困境，而只有日本汽車拵購一枝獨秀，為什麼？因為日本汽車物美價廉，價格僅是美國製汽車的一半。

日本人大力開發低耗能的技術性產品，抓住其他汽車公司步履維艱的有利局面，以極其便宜的價格為武器，潮水般湧進世界汽車市場，致使世界汽車市場成了日本人的天下。

有一家專門生產高強度合金鋼鍊條的企業，對歷年來產品價格、銷售量、利潤率進行了統計，得出了如下資料：

如果價格降低 10%，銷售量就將激增 50%，利潤率為 33%；如果價格上漲 5%，銷售量僅微幅上升 4%，利潤只有 17%。

這些資料為他們給自己的產品訂定合理價格提供了依據，於是他們果斷地降低了 20% 售價，銷售量居然出人意料地翻了一倍，利潤率雖說不怎麼高，但總利潤卻劇增 50%。

當然，降價的方式也是各式各樣的，為更好的實施「欲擒故縱」，達到迷惑對方的目的，市場人士還創造了一系列別開生面的降價方式：比如給予一定折扣的變相降價，如改變包裝和售後服務的間接降價，如有獎銷售之類的讓利降價等等，不一而足。

當然，一味地降價也並不可取，有時甚至會適得其反，諸如「跳樓大拍賣」、「虧本價」之類，往往出力會不討好。因此，把握合適的降價時機，選擇合適的降價方式，就顯得十分重要。

說穿了，這其實就是把握「擒」與「縱」的方法與尺度的問題。

當市場即將走向疲軟時，就要具有遠見地進行分析：如果降價能刺激市場購買力，搶先占領即將飽和的市場，則應果斷地進行降價，將手中的存貨全部拋出；如果市場已經疲軟，不惜血本地降價已經毫無作用，則應該果斷地漲價，將商品囤積起來，耐心等待市場好轉。

漲價是與降價背道而馳的一種措施，雖說物美價廉更能吸引消費者，但由於「便宜沒好貨」已成為消費者的共識，追逐名牌、愛好虛榮又常常在一些消費者心理上作祟，因此，高價策略常常也能收到超乎尋常的效果。

「七星」香菸之所以受到熱烈追捧，還不是因為在人們心目中形成了名牌的形象嗎？儘管價格不菲，但價格越高就意味著名氣越大，於是人們紛紛購買。

同一件服裝，如果僅僅標價幾百元，很可能無人正視，如果在原價格後面添上一個「0」，使價格增加十倍，就會有時髦男女願意一擲千金，穿在身上向人炫耀了。

　　這種高價策略，同樣是針對消費者的心理採取的「欲擒故縱」的計謀。因為誰都明白，一分價錢一分貨，數千元的服裝穿在身上，自然會神氣百倍，因此追逐名牌、追逐高價也成了某些消費者的時尚。

　　某些商家是高價厚利行銷的典型，他們不僅對自己的商品有絕對的信心，而且還有理有據地向消費者說明高價的原因，透過一系列的方式博得消費者的認同，於是消費者不知不覺地接受了他們的宣傳，心甘情願地用高價買下他們的商品。

　　當某種商品碰巧在市場上極度缺乏又需求量較大時，價不高是絕對不可能的。一旦出現供不應求的局面，擁有這種商品的商家就可以利用高價，好好地賺上一筆。

　　是薄利多銷，還是厚利少銷？這兩種截然相反的行銷措施，是需要市場人士根據自身的實際情況和顧客的心理反應來恰當的選擇的，以便能更有效地達到「欲擒故縱」的目的。

　　臺北有一家個人服裝店，由於所處位置比較偏僻，經營狀況一直不太理想。該店負責人馬老闆苦思冥想，終於想出了「欲擒故縱」之策，決定在價格上大做文章。

　　馬老闆在幾家最有影響力的報紙上大登廣告，聲稱自己的商店出售限量高級訂製服，每件價格自 9,999 ～ 99,000 元不等。

　　一石擊起千層浪，即便在臺北這樣繁華的城市，專門出售限量高級訂製服的商店還是不多見的，於是人們紛紛慕名而來，這家不大的服裝店頓時熱鬧起來了。

　　在布置一新的服裝店裡，在店面的一側掛著數十套五彩繽紛的高級訂製服，款式、做工、用料，確實無與倫比，但上萬元的高價，也確實太驚人了呀！

在店面的另一側，與超豪華時裝相對應，懸掛著一批仿名牌服裝，雖說用料、做工粗糙了一些，但也足以以假亂真，價格上卻出奇地低，每套只需不到千元。

兩相對比，顧客們紛紛看上了這些仿名牌服裝，這些服裝頃刻間供不應求，成了搶手貨，居然在一天之內賣出了 2,500 餘套仿香奈兒女式套裝，售出了 2,000 餘套男式西裝，從此，這家服裝店聲名鵲起，在北部服裝界占領了一席之地。

這種巧用價格槓桿的方式，是先透過高價策略吸引消費者，然後再巧用價格對比的方式，吸引消費者購買仿超豪華時裝，達到「欲擒故縱」的目的，為自己的商品打開了銷路，創造了可觀的利益。

與此相反，也可以降低某些商品的價格，吸引消費者前來購買，達到推銷其他商品的目的，同樣是「欲擒故縱」的巧妙運用。

在定價技巧上，可以採用尾數定價，如把 80 元定為 79 元；也可以見風使舵地定價，根據不同的時機，針對不同的顧客，採用不同的價格；當然也可以採用不二價，使商品保持不變的價格。

在價格槓桿的使用上，同樣大有學問。如能巧妙運用，必能收到「欲擒故縱」的奇效，使自己能戰勝對手，處處立於不敗之地。

等豬養肥了再殺

一隻小豬，如果自己養，勢必要耗費人力物力，不如任由對方去養。一旦豬養肥了，我方就該磨刀霍霍，來「大碗喝酒、大塊吃肉」了。不勞神費力，卻占盡好處。

有家著名的化工公司，早年研究出一種特殊化學品的配方，經過多年的不斷改進，在品質上已有突破性的進展。為了保障其權益，公司以商品

名註冊。但由於種種原因，銷量一直不甚理想，因此鮮為人知。

這時，一家標榜日本進口的廠商在電視上大力宣傳其商品，而產品名卻是該化工公司已註冊的商標。幾年下來，雖然標榜著日本進口的廠商獲得了相當不錯的利潤，但化工公司看在眼裡，卻一直不動聲色。

化工公司計劃用「欲擒故縱」的計謀，等對方打開了產品市場後，再以商標專利為由，強行接管市場。

當所謂的日本公司花了上億元的廣告費，把市場經營得有聲有色時，化工公司認為時機到了，終於揮起商標專權的利刃，將養肥的「日本公司」一刀了結，霸占了市場。

拋磚引玉

若要取之，必先予之，捨不得孩子套不住狼。給對方一點甜頭吃，才能引他上鉤。

「給」是為了「取」，「拋磚」是為了「引玉」。「給」是手段，「取」是目的，拋出的「磚」是誘餌，引來的「玉」是獵物。

「磚」和「玉」相比，當然「磚」價格低廉，而「玉」價值連城，這是以小搏大的遊戲，若實施得巧妙，就會一本萬利。

如果貿然行動，很可能拋出了大量的「磚」，卻連「玉」的影子也引不到，成了「肉包子打狗一去不回」。

這些年來，有獎銷售在市場上越來越盛行，各種抽獎活動遍地開花。這家商場才推出「購物有獎」，那家商場就宣布「節日大酬賓」，衝著那百分之幾中大獎的機會，顧客們紛紛解囊，銷售額直線上升。

與此同時，推出的「福利彩券」、「體育彩券」，以美宅、轎車等大獎為誘餌，吸引人們前來碰碰運氣。

這些做法都是典型的「拋磚引玉」。那些所謂的大獎就是主辦者拋出的「磚」，雖說很誘人，但對多數人來說，只是可望而不可及。用大獎當誘餌，賺取人們的大把鈔票，才是真正的目的。

結果也正如主辦者所希望的那樣，一時間人山人海，鈔票源源不斷地湧來，最終以很少量的付出換來了極大量的收入。

這種做法固然很有效，但一而再、再而三地實施，就會被人看穿，受到冷落。

如今，儘管有獎銷售、各類彩券不時地推出，卻再也吸引不起消費大眾的熱情，就是很好的例證。

　　人人都清楚，自己花上幾百元、上千元去買彩券，所謂的大獎往往是鏡中花、水中月，花出的錢也多半肉包子打狗，誰還會傻傻乎乎地再去上當？而那些衝著大獎去購物的顧客，往往買回一堆擺在家裡派不上用場的東西，誰還會再那麼大方地慷慨解囊？

　　因此，精明的商家在此時都會改弦更張，想出更巧妙的辦法，以更誘人的「磚」做誘餌，想方設法引來財富這塊「玉」。

「磚」要實在

　　德國有一個叫「奧樂齊」的商店，以最便宜的價格招來消費者，一時顧客如雲，名聲大振，短短幾年間，就在全國各地開設了無數家超市分店。

　　店主阿爾布雷希特兄弟公開宣布：本店出售的所有商品會比全市最低價還低 3%，如果哪個顧客發現某件商品的價格沒有低於全市最低價的3%，可到本店找回差價，另外本店還重重有獎。

　　這樣的「磚」拋得實在，不像大獎酬賓之類活動雖然絢麗多彩，但卻無法落入大多數人的口袋裡，這是實實在在的讓利，實實在在的讓消費者嘗到了優惠的甜頭，難怪會受到消費者的歡迎。

　　顧客多了生意就好，財源大進，「玉」也就不費吹灰之力，送上門來。

　　由於顧客太多，找零不方便，奧樂齊商店便索性免去尾數，2.18 馬克只收 2.1 馬克，又實實在在地讓消費者嘗到了一次甜頭。

　　以「全市最低價」這塊「磚」，引來了巨額財富這塊「玉」，阿爾布雷希特兄弟實在太精明了。

而在香港，劉天也以同樣的辦法拋磚引玉，獲得了同樣巨大的成功。

劉天創辦了香港妙麗集團，他宣布「不夠便宜賠五倍」，意思是說，妙麗集團出售的商品如果沒比其他商店更便宜，他願按價格的五倍給予賠償。

他將這個口號大做宣傳，掛滿了商店內外，到處是「不夠便宜賠五倍」的公開承諾，果然吸引了香港市民。

以「全市最低價」拋磚引玉，已確定是一個行之有效的辦法，但要注意的是，切不可變本加厲。如今的銷售市場上時不時可以見到「跳樓大拍賣」的宣傳，雖駭人聽聞，卻難吸引顧客：這是為什麼呢？

原因很簡單，「全市最低價」是為顧客著想，讓顧客以最低的價格買到最好的商品；而「跳樓大拍賣」這類文宣卻是以商家的可憐處境以博取同情，會讓顧客以為你無能，甚至還會懷疑，因為你的商品品質低劣，所以才會降價處理。

可見，「磚」的選擇同樣也很有學問。「磚」既要有吸引力，要誘人，同時又不致於損傷自己。

「捨不得孩子套不住狼」，絕不是說必須以孩子作為誘餌，以孩子生命為代價，才能把狼套住。那樣做就太極端了，也太失敗了。

拋出的「磚」要給人良好的印象，有助於增長自己的「光輝形象」，拋磚引玉才能成功。

如果你真的可憐到必須以「跳樓價」的面目出現，那麼你不如收拾起那副可憐相，自認失敗，收起生意算了。

以小搏大

抛磚引玉，「磚」與「玉」相比，「磚」是小利、微利，是有意識地給予對方的一點甜頭，而「玉」是大利，是巨額財富，是精心籌劃、日夜盼望弄到手的目的所在。

以小利謀大利，才是正確的經營之道，才能一本萬利。

以表面上給予對方的小利掩蓋自己將要攫取的大利，使對方誤以為自己是真心實意為他著想，引誘對方去貪求表面上的小利，而自己則神不知鬼不覺地獲取大利。

香港房地產業鉅子霍英東在初涉房地產市場時，曾經遭遇過極大的挫折，蒙受了幾千萬港幣的巨額損失。

他痛定思痛，終於想出了抛磚引玉、以小利謀大利的經營方法，就是「樓宇預售法」。

他規定，顧客只要預交房價10%的現金，就可以買得預售屋的居住權，而這時房子尚未動工興建，或者正在施工之中。

這樣，顧客只需支付10萬元現金，就可以買下價值100萬元的房子，而餘下的90萬元和利息則用分期付款的方法來償還。

而在以前，買房必須一手交錢，一手交貨，數百萬元的現金讓一般市民很感頭疼，而房地產開發商也要在房子建成後才能收回資金，如此曠日持久地進行行銷，也很不方便。

樓宇預售則解決了這一難題。房地產開發商預收了一筆現金，則可以解決開發過程中資金不足的問題。過去建一座樓的資金，現在居然可以建成四座樓。

購房者同樣獲利不小。付出很少一部分的錢，就成了房屋的主人，等

到房子建成，房價節節拔高，再轉手賣出，同樣是一本萬利。

但購房者所獲的「利」和房地產商比起來，只是微不足道的小利。霍英東用這個辦法，在短短的十多年中，成了億萬富翁。

表面上雙方都得利，皆大歡喜，但這份「利」的大小卻有天壤之別。

「磚」要拋得恰如其分

人為什麼會禁不住誘惑，為了「磚」般的蠅頭小利而趨之若鶩？

這是由人貪心的本性所決定的，「重賞之下，必有勇夫」，古人早就看得清清楚楚了。幾千年過去了，這「貪」的本性不僅沒有絲毫減退，反而因為物質文明的高度發展和商品經濟的強烈刺激而激劇膨脹。

精明的商家瞄準了人的這一弱點，把「拋磚引玉」運用得令人眼花繚亂。

不論宣傳得多麼動聽，讓利得多麼實在，其實都不過是一個圈套罷了，是商家在銷售大戰中擺出的盡人皆知的圈套，要套中的正是芸芸眾生的錢包！

因此，這個圈套一定要安排得非常巧妙，非常誘人，才能像姜太公釣魚那樣，做到「願者上鉤」。

「磚」要拋得恰如其分，不僅包括誘餌的質與量，還包括拋的手段，拋的時機。

當「大獎銷售風」驟然刮起時，為什麼有的商家賺得盆滿缽滿，而有的卻賠得一塌糊塗呢？這不能不令人深思。

在「大獎銷售」的旋風出期，A商場推出了特價銷售，以「特價銷售十天」的口號大減價，銷售量直線上升。

半個月後，A 商場又和 B 百貨公司聯手，推出以轎車、住房為誘餌的巨獎銷售，更是盛況空前。

特價加上巨獎，令那些以有獎銷售為噱頭的商家頓時黯然失色。

而另一家精品店在這股旋風裡被刮得立足不定，也慌忙推出「特價」措施，卻效果甚微，「跳樓價」、「失血價」都喊出來了，仍難吸引顧客，不得已只好再用「巨獎」這一招吧！但還是難以奏效。

原因何在？

首先是要掌握到時機。當市場上出現不均衡的狀態、市場疲軟、銷售力下降時，只有靠極強的刺激才能調動起消費欲望，如果你預見到這一點，先人一步行動，必會大豐收。相反的，如像那家精品店一樣隨波逐流，必會坐失良機，痛悔莫及。

其次，要實實在在地讓利。消費者與商家是一種互惠互利的關係，要投之以挑，才能報之以李，雖然讓利的形式多樣，但滿足消費者的各種需求才是其核心所在。如果像那家精品屋那樣，以「跳樓價」、「失血價」的可憐姿態出現在公眾面前，與滿足消費者需求豈不背道而馳？要知道，商場是不相信眼淚的。

最後是「拋磚」的手段，有抽獎、集點換獎、大獎、競價、特價銷售、節日大酬賓等等，不一而足，全靠商家「八仙過海各顯神通」了。要注意的是，獎不在高，而在於形式的新穎，能給消費者一個極強的誘惑。

把「磚」拋得恰如其分，「玉」就會不費吹灰之力地送上門來，這個學問值得每一個市場參與者研究終生。

用一塊假磚也能引玉

　　彰化的龍先生想要出售所居住的別墅，以 2,000 萬元的價錢委託仲介公司代理。

　　仲介公司接下本案後，積極地策劃廣告，宣傳其所處的優越的地理位置、房間布局的合理性及其週邊設施的全面與完善，很快將房子推銷到了市場上。

　　兩週後，出現了一位買主。參觀完別墅的裡裡外外，買主對各方面的條件感到滿意，但只出價 1,500 萬元，這與龍先生的開價相比差了 500 萬元。

　　承辦此案的業務員劉先生無奈，只有回頭找屋主議價。經過 3 天的商議、協調，龍先生終於同意售價降為 1,800 萬元，但聲明不再降價，否則立即解除委託合約。

　　售價 1,800 萬元與買家出價 1,500 萬元相比，仍有 300 萬元價差。鑑於賣方態度堅決，為了促成這項交易，劉先生只好硬著頭皮再回頭找買方協調。費盡口舌，買方態度緩和，做出讓步，同意再加價 150 萬元，即 1,650 萬元。同時，為了表示自己購房的決心與誠意，還當場付了 100 萬元保證金，並寫下字據，言明若 1,650 萬元能成交的話，他本人若是反悔，可將這 100 萬元保證金以違約的形式付給賣主。劉先生感到買方極具誠意，連忙找龍先生再次洽談，並將買家已付保證金一事告知龍先生，龍先生仍然不答應。

　　當晚，劉先生接到買家的電話，買主告訴他說：「一個月前，我在別處看過另一棟房子，論各方面條件，都比我現在看好的這所房屋滿意，只是因為當時屋主不肯降價，幾次交涉都沒能成功，我只好放棄了，誰知道

事情已過去這麼久了，今天那家仲介公司突然打電話告訴我，屋主願意依我的價格出售，剛才我已經付了 100 萬元定金給那家仲介公司，因此，你這邊的房主若仍不肯降價，你就順水推舟算了，正好我也能收回給你的 100 萬保證金。」

這突如其來的事情難倒了業務員劉先生。對仲介而言，基本上只是個仲介性的角色，並無退款與否的決定權，除非屋主同意或屋主接受買方的價錢後，買方又反悔不願意買房，才能將其預交的定金沒收。而他眼前面臨的情況是：一方言明不再降價，而另一方則聲稱要另購也不再加價，仲介者處在夾縫中，真是左右為難。解決問題的唯一辦法是，盡快把資訊轉達給房主龍先生，由龍先生自行決定。

龍先生聽到消息後，也感到為難。既然買家更滿意前一戶房子，就有可能反悔，若自己答應他的要求卻反遭對方拒絕，自己就有權沒收他的保證金，這樣就等於本錢下降了 100 萬元，以後再賣低一點也無所謂。但賺這 100 萬元的前提是必須接受買方的價格 —— 1650 萬元，即是需要在原價的基礎上降價 150 萬元；若不願意降價 150 萬元，在目前經濟不景氣、房地產市場持續低迷、交易不大活躍的狀態下，錯失了這筆買賣，新買主不知何時再現……

龍先生左思右想，想不出一個妥善的辦法。而買方又不斷來電要求仲介早早答覆，否則應立即退回保證金。局面就這樣陷入僵持之中。

經過幾天的深思熟慮，龍先生終於賭博性地同意以買方價格出售，他認為買方反悔的可能性極大，他很可能可以得到 100 萬的保證金。於是他將以 1650 萬元價格出售的委託書給了房仲。

劉先生把這一決定轉告給買方，買方表面上裝出一副無可奈何的樣子，申辯著：「我其實比較喜歡的還是那一棟房，但你這棟房的地理位置

較好，所以我還是選擇你介紹的這棟別墅了。」

　　結果，這起交易就在買方和仲介公司的歡喜中達成，只是苦了賣屋的龍先生。

　　就該別墅成交的整個過程來看，其實是買方運用「拋磚引玉」的談判策略延伸出來的高明殺價手法。買方以 100 萬保證金為磚，並製造他要違約的跡象，使賣方貪圖撿他的「磚」，卻反被買方「偷」走了賣方的「玉」。拋磚引玉本來就是一個高招，但此案中買方拋的是一塊看得見摸不著的「磚」，不傷毫髮而得「玉」，實在高明！

擒賊擒王

拋開了一切細枝末節，把攻擊的矛頭直指對方的首腦所在，力圖消滅對方的中堅力量，造成對方群龍無首，然後再逐一擊破。

從根本上下工夫，抓住問題的核心所在，突破難關，以達到其他相關問題也迎刃而解的目的，運用於商戰中，這就成為「擒賊擒王」的關鍵所在。

抓住最根本的問題

日本索尼公司推出了高品質的索尼彩色電視，為了進軍美國市場費盡了心機，卻總是出力不討好，儘管索尼彩色電視在日本如日中天，而到了美國，卻只能擺在出售廉價舊商品的小店裡，無人問津。

為什麼在日本極其暢銷的優質彩色電視，在美國卻判若兩物，被打入十八層地獄呢？索尼公司海外部門不得已，一而再、再而三地降價，越降價，索尼彩色電視在美國人心目中的形象越糟糕。

海外部新任部長卯木肇來到美國芝加哥考察，索尼彩色電視在國外的境遇讓他大吃一驚。

日思夜想，他終於找到了問題的癥結所在。美國有大大小小成千上萬個電器銷售商，其中竟沒有一個推銷索尼彩色電視的，這要如何征服美國消費者的心？一而再、再而三的削價，只是自貶身價的平庸招數。

於是，卯木肇決心「擒賊擒王」，先從芝加哥最大的電器銷售商馬西瑞爾公司下手，只要擒住了電器銷售行業的這個「王」，其他問題就能迎刃而解。

然而，「王」自有王者的風範，「擒王」的道路是異常艱難的。但不管再難，卯木肇下定決心，一定要啃掉這根硬骨頭。

他到馬西瑞爾公司連續拜訪了三次，都吃了閉門羹，連經理的面都沒見到。第四次好不容易見到經理，又被連諷刺挖苦了半天。

卯木肇為了公司的利益，表現出了罕有的高度涵養，他面帶微笑地洗耳恭聽，並按照經理的要求，迅速收回各小店的降價彩色電視，刊登新式廣告，重塑索尼彩色電視的新形象。

當一切安排妥當，卯木肇再去求見馬西瑞爾公司經理，經理又以售後服務太差為藉口，仍舊拒絕銷售。

卯木肇不敢怠慢，立即著手設置特約維修部，並及時刊出了廣告，保證維修部會隨叫隨到。

卯木肇興致勃勃，滿心以為這次馬西瑞爾公司的經理再也無可挑剔了，誰知經理仍舊一副傲氣逼人的模樣，甩出了「知名度不夠」的藉口，繼續拒絕。

這下卯木肇真的火大了，對方是在有意雞蛋裡挑骨頭呀！非得給他們點顏色瞧瞧不可！他靈機一動，想出一個歪點子：他們不是說索尼彩色電視知名度不夠嗎？好，就讓自己的部下每人每天至少向他們打五次電話，求購索尼彩色電視。

馬西瑞爾公司的職員們上當了，將索尼彩色電視列入「待代銷名單」上報給經理，經理一見，馬上把卯木肇叫來。

卯木肇不慌不忙地一一陳述索尼彩色電視的優點，讓經理無話可說。經理不得已，提出了極其苛刻的條件，卯木肇據理力爭，終於經理鬆口了，答應代銷兩臺試試，如果一週之內還沒人買，就再也不會銷售索尼彩色電視。

卯木肇笑了，他終於成功了。他立刻選派兩名年輕英俊、能說會道的推銷員將兩臺彩色電視送給馬西瑞爾公司，並要求讓他們與馬西瑞爾公司的店員一起推銷，務必將這兩臺彩色電視推銷出去，因為這是他們打入美國市場的關鍵一步，只許成功，不能失敗。

結果當天下午四時，兩臺彩色電視已經成功地賣出去，馬西瑞爾公司見狀非常高興，馬上又向他們訂購了兩臺。

美國電器代銷市場之「王」就這樣被卯木肇擒住了，到了當年12月，居然一個月就創紀錄地銷售了700餘臺電視，令馬西瑞爾公司經理不由得對索尼彩色電視刮目相看，主動決定與卯木肇合作進行促銷活動。

從此，索尼彩色電視在美國市場暢通無阻，並進而橫掃全世界，成為舉世聞名的彩色電視名牌。

卯木肇的成功是「擒賊擒王」之計的成功，他抓住問題的關鍵所在，從根本上下工夫，一舉突破了索尼彩色電視進軍美國市場的難關所在。

當我們在經營中遇到各式各樣的難題，如一團亂麻，百思難解時，就有必要冷靜地想想，理出問題的根本所在，抓住最根本的問題，集中全力務求徹底突破核心問題，其他難題也就可以迎刃而解了。

摧毀對方的核心力量

「擒賊先擒王」，其目標必然是在對方陣營中具有領導作用的核心人物和具有中堅力量的主力部隊，因此，只要把對方的核心力量一鼓作氣地全部殲滅，對方就只有死路一條。

如果要徹底擊垮對方，最直接了當的招式就是先把對方的核心力量一舉消滅，當然過程中，拚殺必然相當激烈，對方的反擊也必然相當兇猛，

我方只有以一往無前的精神再加上戰術得當，領導有方，才能一舉成功。

摧毀對方的核心力量是「擒賊擒王」的主要目標，在和對方進行商業上的激烈爭奪時，一定要高瞻遠矚，審時度勢，務求一錘定音，一擊得勝！

挾天子以令諸侯

「擒賊擒王」還可以用另外一個方法，就是讓「王」被自己所掌握，從而迫使「王」的下屬乖乖聽從我方的調遣，號令天下。

這也就是我們常說的「挾天子以令諸侯」，曹操把這個功夫做得相當到家，因此成為三國時的一代梟雄。而在商戰中，如果把具有相當號召力的「王」擒到手中為我所用，同樣能有號令天下的作用。

說到「擒賊擒王」、「挾天子以令諸侯」，就不能不敬佩瑞士人的機敏和高明，因為瑞士人居然把日內瓦「借」給了聯合國。

說是「借」，其實並不恰當。當年，聯合國沒有會議中心和活動中心，時常為了無數的國際會議找不到合適的會址而發愁。於是瑞士政府投入巨資，修建美觀實用的各種設施，並鄭重其事地把這一切「賣」給了聯合國，售價僅為微不足道的一便士。

如果僅從這筆交易來看，瑞士人是大虧特虧了，因為聯合國所使用的土地、大樓、設施，完全可以說是瑞士人白白贈送的，但如果仔細盤算一番才發現，聯合國竟然為瑞士帶來了滾滾財源！

世界各地的國家首腦、各級官員、著名商人天天都在日內瓦進進出出，將會有多少金錢白白地讓瑞士人賺走，為什麼？這不正是因為聯合國在這裡呀！

這是名副其實的「挾天子以令諸侯」，與曹操挾持漢獻帝號令群雄的方法如出一轍，只不過曹操的手段過於露骨，而瑞士的手法則要高明得多。

餐飲、交通、旅遊，全因為聯合國而使瑞士得到了空前的發展。試著想一想，如果聯合國不在這裡，能有瑞士的今天嗎？

自己稱王

比「挾天子以令諸侯」更進一步的「擒賊先擒王」導致的最終結果，必然是「自己稱王」，事實上，這也是無數商家夢寐以求的目標。儘管這種目標很難達到，即使達到了，也會因為各式各樣的原因，受到來自八方的挑戰，因此「自己稱王」的局面也很難長久。

儘管在美國先後出現了鋼鐵大王、石油大王，在香港出現了塑膠花大王、假髮大王等等，在一定的時期內壟斷了市場，但美國有競爭法（在美國稱為反托拉斯法）加以強力干預，後起的商界新秀也會虎視眈眈地進行頑強的挑戰，因此壟斷的局面總會被打破。

儘管如此，無數商家還是對此目標孜孜以求。

既然有膽量「擒王」，為什麼不乾脆自己稱王稱霸呢？眾多商家都抱著這個理想，千方百計擠垮對手，圖謀獨霸市場。可悲的是，即便僥倖成功了，轉眼間又成為別人「擒賊擒王」的目標。

也許，正因為有了這樣爭名逐利的心態，才有了市場的變幻莫測，才促進了商業史不斷地發展。

其實，若想較長久地保持自己「稱王」的地位，只要選擇一個無人敢涉足、無人有實力參與的行業，努力向前，就足以成功。泰國人楊海泉建

立了世界上規模最大的鱷魚王國,他那頂「鱷魚大王」的桂冠,直到今天還沒有人有膽量摘去。

鱷魚儘管渾身是寶,但由於兇殘成性,人人避之唯恐不及,有誰膽敢拿性命開玩笑,去養育繁殖鱷魚?

泰國青年楊海泉這麼做了。當他開雜貨店失利之後,困境迫使他另謀生路,此時,鱷魚皮的高昂售價引起了他的興趣,並進而萌生了養殖鱷魚的念頭。

養鱷魚可是一件前無古人的事情啊!儘管他以極低的價格把幼鱷買回家了,但養鱷魚中所碰到的難題卻壓得他喘不過氣來。一貧如洗的家境使他無力為鱷魚買足食物,常常不得不含淚宰殺一批,出售以後換回繼續飼養鱷魚的資金。親朋好友的反對也使他的養鱷工程步履維艱。

不管困難有多大,他都絕不退縮。他養鱷魚終於養出了名聲,「海泉鱷魚皮」在市場上一直是搶手貨,成為只此一家唯我獨尊的產品。

雖然養殖鱷魚大成功,但他並不滿足,他此前所做的只是把幼鱷養大再加以宰殺,現在他要更進一步,對鱷魚進行人工繁殖。

曼谷南郊的漁港北欖被他選作人工繁殖飼養鱷魚的基地,他投入巨資,在這裡興建了他的鱷魚王國,打造出世界上規模最大的人工養鱷湖,他也因專業化的養鱷而震驚全世界。

之後,楊海泉又把養鱷業和旅遊觀光結合起來,把他的鱷魚王國向全世界開放,更為自己賺取了滾滾的財源。

有了唯我獨尊、稱王稱霸的養鱷業,何愁財源不滾滾而來?要知道,放眼全世界都找不到一個競爭對手呀!

當然,這只是極其特殊的例子,若想在市場中取得領先的地位,獲得有利的局面,只有全力以赴開闢一條新路,這一點,請各位朋友務必牢記!

　　自己稱王有自己稱王的好處，主要展現在一切由自己說了算。當我方領先一步創出新路時，這種局面就會自然地出現，但這時務必要牢記，好花不常開，好景不常在。要學學李嘉誠，當「塑膠花大王」的桂冠戴在自己的頭頂、引得世人競相效仿時，及時轉移陣地，另闢新路，才能在市場上處於長久的領先地位。

　　取得「自己稱王」的地位不易，保住「自己稱王」的地位更難。

不要滿足於「地頭蛇」式的王

　　置身於市場中，如果僅僅局限於一時一地的經營，即便取得了一定的成功，取得了一定的聲勢，充其量也不過是個「地頭蛇」的角色。

　　把眼光放遠，把自己的企業置身於國際市場的風雲變幻中，要敢於向世界頂尖企業看齊，堅決不做游泳池裡的巨人。要有足夠的膽識到國際市場上去「擒賊擒王」，才能使自己的企業的規模有朝一日能超越世界一流企業，成為在世界上有著舉足輕重的影響力的大企業。

釜底抽薪

掐住對方的命脈，痛下殺手，直接擊中對方的要害，削弱對方的氣勢，甚至直接造成對方的滅亡。

一鍋沸騰的開水，若想使它冷卻下來，要用什麼辦法好呢？

一種辦法是，往鍋裡加入大量的冷水；另一種辦法是，乾脆抽走鍋底的木柴，滅掉熊熊燃燒的火。

兩相比較，前一種辦法雖可使水很快冷卻，但治標不治本，鍋底的火苗仍會使水再次沸騰起來；後一種方法則非常徹底，沒有了火，就沒有了熱量的來源，水就再也無法沸騰起來。

這是一個盡人皆知的生活小常識，被古代軍事家獨具慧眼地用於打仗中，如今又被精明的商家用於市場競爭中。

由於「薪」是沸水的能量來源，沸騰的開水很可能會使人束手無策，但那些「薪」卻是可以接近、可以借助工具，因此面對咄咄逼人的對方攻勢，你可以巧妙地避其鋒芒，機智地針對對方的命脈所在，集中全力，進行毀滅性的攻擊。

可見，實施「釜底抽薪」，一定要機智地選準攻擊的目標，同時還要狠辣，將這個對對方最為重要的要害目標一舉摧毀。

斷對方的命脈

美國大亨漢默在舊金山東部勘探出大量的天然氣，為了這次勘探，漢默的西方石油公司不惜巨資，共投入 2,000 萬美元。如今皇天不負苦心人，終於找到天然氣！而且含量相當豐富，是加利福尼亞第二大天然氣田。

漢默滿腔歡喜，來到太平洋煤氣與電力公司，預備以西方石油公司的名義，與對方簽訂長期合作的天然氣出售合約。

沒想到當頭被澆了一盆冷水，對方說他們已投入大量人力物力，從加拿大修了一條天然氣管道，加拿大輸送的天然氣已經完全滿足公司需求，完全沒必要購買漢默的天然氣。

漢默絕望了，難道自己投入的 2,000 萬美元就白白浪費了不成？難道品質這麼好的天然氣竟沒人需要？

漢默前思後想，終於想出了「釜底抽薪」這條妙計。他非常清楚，太平洋煤氣和電力公司的天然氣主要供應給洛杉磯市，如果把洛杉磯市拉攏過來，等於斷了對方的命脈，令對方不戰而降。

漢默立即趕到洛杉磯市議會，向各位議員描述了他開採的天然氣品質，說他計劃修建一條直達洛杉磯市的天然氣管道，以遠遠低於太平洋煤氣和電力公司的價格向洛杉磯供應高品質的天然氣，並保證一定滿足對方的需求。

議員們一聽，既然有利可圖，又何樂而不為呢？市議會立即召開會議，討論是否通過接受漢默的天然氣的決議。

太平洋煤氣與電力公司得知這一驚人的消息，頓時嚇得六神無主，一旦漢默把洛杉磯市的生意搶走，自己從加拿大輸送來的天然氣將尋不到像樣的買主，不就得賠得一塌糊塗嗎？

於是，該公司誠惶誠恐，立即上門向漢默道歉，願意按照漢默的條件，全部買下他的天然氣。

漢默本來就無意另建一條天然氣管道，只是為了教訓對方，才想出這條「釜底抽薪」的妙計。見對方果然中計，上門來請求合作，漢默得意地笑了，趁機提高了自己的條件，讓對方吃了個啞巴虧。

洛杉磯市的天然氣供應是對方的「薪」，對方之所以傲慢，是因為這「薪」給了他們足夠的力量來源，漢默獨具慧眼，直擊對方要害，雖說是虛晃一槍，卻讓對方虛驚不小。

　　石油大王洛克斐勒在運用此計時更有獨創性，他先創造性地加「薪」，使對方那鍋水狂沸不已，又突然「抽薪」，造成對方手足無措，陷入無法自救的境地。

　　來看看他是如何心狠手辣，先引對方上鉤，然後再置對方於死地，從而吞併對方，擴大了他的「石油王國」的。

　　美國內戰結束後，經濟迅速發展，刺激了石油業的大規模膨脹。商家見有利可圖，紛紛擠進開發石油的行列中，造成供過於求的局面，油價逐日降低，即使在「石油生產者聯盟」的強力干預之下，油價也只能維持在每桶 4 美元上下。

　　這時，洛克斐勒成立了標準石油公司，決心把這些石油行業的對手們全部消滅，達到自己壟斷石油市場的目的。

　　他拋出了一個迷人的誘餌，宣稱自己的公司將以每桶 4 美元 75 美分的高價大量收購石油。那些幾乎走投無路的石油商人想都不想就急著與洛克斐勒簽訂了協議。然後他們就放心地大膽開採去了，因為已經有人收購他們的石油了呀！

　　他們做夢也沒想到，這只是洛克斐勒設下的圈套。協議上沒有寫明洛克斐勒會收購他們開採的全部石油，也沒有保證收購的時間是幾天、幾個月還是幾年。

　　結果，那些石油商人們又瘋狂地去開採新的油井，只盼著開採的石油越多越好。洛克斐勒不惜巨資，完成了他的「加薪」預謀，接著，一場令無數石油商人們欲哭無淚的「抽薪」行動開始了。

洛克斐勒突然宣布，目前市場上供過於求的石油供應已到了罕見的地步，他無力繼續高價收購，只好中止原協定，現在以每桶 2 美元 50 美分的低價收購。

上了當的石油商人們徹底被逼上了絕路：因為他們已開採了更多的新油井，如今欲罷不能，如果不向洛克斐勒出售石油，則只能破產；如果低價出售，同樣是虧損累累，走向破產。在這種絕境中，只好把自己開採的油井賣給洛克斐勒。

在這招毒辣的「抽薪」攻擊下，石油商人們紛紛繳械投降。洛克斐勒吞併了絕大多數石油公司，致使「石油生產者聯盟」土崩瓦解，而洛克斐勒的石油王國則在這一片廢墟中誕生了。

在這裡，石油商人的命脈是石油供應，洛克斐勒瞄準這一目標，實施了毒辣的「釜底抽薪」行動，結果一舉成功，大獲全勝。

說到石油供應，就不能不提鐵路運輸。憑藉著便利的運輸條件，石油一樣可以在別的地方尋找到市場。但洛克斐勒老謀深算，深知如果不把鐵路運輸權搶到手，就等於給那些石油商人們留下了生存之機，因此他在實施「釜底抽薪」行動之前，已經不惜巨資，搶先控制了鐵路運輸，那些石油商人們石油供應的命脈已被他全部扼斷，只能陷入任他宰割的局面。

當然，洛克斐勒實施這一行動是耗費了相當驚人的財力的。他有相當雄厚的財力做為後盾，才能如此痛快淋漓地攻擊成功。一般的市場經營者只怕今生今世也不可能做到洛克斐勒的巨大規模，但小規模地依樣畫葫蘆嘗試一番，同樣也會有可觀的收益。

請記住，不僅要善於發現對方的命脈所在，果斷地對其「釜底抽薪」，還要善於保護自己的命脈所在，提防不要被對方「釜底抽薪」。只有這樣，才能算得上是一個成功的生意人。

謹防被拆了後臺

眾所周知，機器是死的，產品是死的，只有人才才能賦予它們生命，創造出一個企業的勃勃生機。

幾乎所有的市場經營者都非常重視人才。或重金禮聘，或屈尊誠聘，或委以重任。

俗話說：「好鋼用在刀口上。」只有讓人才人盡其才，發揮出他們的聰明才智，就可以在市場競爭中無往而不勝。

「拆後臺挖牆腳」，就是把對方陣營中擔當棟梁重任的人才挖走，才能予以對方致命的打擊，使對方的產品在市場上失去競爭力。美國報業大王威廉‧倫道夫‧赫茲就是用「挖牆腳」的瘋狂舉動，徹底擊垮了對手。

24 歲那年，赫茲接替父親，開始主辦《舊金山考察家報》。一開始他就瞄準了當代的報業鉅子普立茲，借鑑普立茲的經驗，對報紙進行全面改革，使原先虧損累累的這家小報終於開始轉虧為盈，而且利潤逐年提高。

父親病逝後，他繼承了全部家產，有了雄厚的財力做後盾，他決心在報業這塊平靜的市場上掀起滔天巨浪。

他進軍紐約，買下了紐約的一家報紙《晨報》，並更名為《紐約日報》，然後調兵遣將，進駐紐約，向普立茲鼎鼎大名的《紐約世界報》發起空前猛烈的挑戰。

他選擇了一種最巧妙的戰術，就是「挖牆腳」，他動用巨資，不惜血本，高薪收買普立茲的工作人員，進行徹底的「釜底抽薪」。

著名的漫畫家、著名劇評家等一批重要角色相繼被他從普立茲的陣營中高薪挖走。初戰告捷，他更加明目張膽，索性把《紐約日報》搬到《紐約世界報》的大本營，與普立茲的人馬在同一座大廈辦公。

令普立茲目瞪口呆的事情發生了：「有一天，他的辦公室空空如也，他的全部人馬都被赫茲用高薪挖走了。」

這下不得了了！人走樓空，自己的《紐約世界報》不就全軍覆沒了嗎？普立茲沒有辦法，只好用更高的薪水把自己的原班人馬請了回來。

僅僅過了一天，赫茲重施故伎，再次拿出高於普立茲很多的薪水，把《紐約世界報》的全部人馬再次挖了過去。在「挖牆腳」的瘋狂進攻之下，《紐約世界報》全線失利。普立茲不愧是報界的泰斗，他靈機一動，不妨也學學赫茲，從別的報社挖來幾個人才，來挽救自己的危機。

於是，《太陽報》主編布拉斯本被高薪請到了《紐約世界報》，使這家搖搖欲墜的報社重新煥發了生機。

赫茲怎肯甘休，又施出高薪以誘餌，把布拉斯本也請到了自己的陣營中，由他來主編剛剛創刊不久的《紐約晚報》。

至此，赫茲的「挖牆腳」戰役大獲全勝，號稱報界泰斗的普立茲也只好甘拜下風，任由赫茲在報界呼風喚雨，成為當時轟動一時的「報紙之王」，名震四方。

「挖牆腳」作為「釜底抽薪」的重要方式，在市場競爭中屢見不鮮。臺北作為人才密集的城市，曾先後被南部許多大型公司以高薪的名義挖走許多人才。而「挖牆腳」式的私下交易，更是數不勝數，以至於「跳槽」、「人才流動」成為當代最流行的名詞。

「拆後臺，挖牆腳」作為「釜底抽薪」的一種最常見的方式，受到了市場人士的高度重視。這其中自然包含著渴求人才的一面，同時更主要的展現了擠垮、戰勝競爭對手的另一面。

因此，在任何時候，市場經營者都必須清醒地認識到，一定要善待自己的人才，謹防後院起火。

渾水摸魚

　　首先把水攪得渾濁，讓魚在渾水中暈頭轉向，辨不清方向，然後再趁機下手，往往十拿九穩，手到擒來。

　　在商戰中，商人利用各種手段，製造出各種虛假現象，以造成對方的混亂，然後在亂中取勝。

　　先把水攪渾，再趁機摸魚，在這個過程中，市場人士心中的「城府」非常的深，那過人的眼力、靈活的手腕，令人在敬佩之餘，不能不心悸於他們的狡詐。

　　值得注意的是，一些不法商人把「渾水摸魚」奉為至寶，肆無忌憚地生產、銷售偽劣產品，攪渾市場這片水，當消費者真假難辨時，就不能不屢屢上當，讓他們趁機摸回成筐成筐的「魚」。這種行為不僅損害了消費者的利益，影響了被仿冒產品的企業的正常營運，而且極大地衝擊了市場的經營秩序，應當加以嚴厲取締和打擊。

　　據巴黎國際商會估計，在國際市場上假冒商品每年高達 1,000 億美元以上；而僅僅一個國家所查獲的造假藥案件每年就至少有上萬起，這不能不令人們憤慨萬分。

　　唯利是圖，不擇手段，這種「渾水摸魚」理應受到嚴厲的譴責與取締。

　　我們在這裡要講的「渾水摸魚」之計，是在為市場中的朋友提供一種經商的手段和取勝的策略，同時又必須提醒大家，害人的事千萬別做，否則最終害的只會是自己。

　　在和對手爭奪市場的殊死搏鬥中，巧用「渾水摸魚」這個策略，可以

攪渾市場這片水，讓自己乘亂取利，這同樣不失為一種明智的措施，與此同時，又要堅決地跟造假銷假的違法犯罪行為劃清界限。

淌淌廣告的「渾水」

當精工錶在日本鐘錶市場稱霸時，星辰錶異軍突起，強有力的挑戰了精工錶的霸主地位。

星辰錶異想天開地製造了一個轟動話題，將新型防震錶用直升機運送到 100 公尺的高空，然後拋向地面，並且保證新錶將無任何損壞，運行亦正常，以此來證明該錶良好的防震性能。此舉引起了空前的轟動，獲得了極大的成功。

隨後，星辰錶又緊接著展開了防水表演，將 100 塊新錶放在小籃子裡，再投入到大海中，讓它們漂行數千公里，並保證新錶將不受任何影響，運行亦正常。

這兩次空前絕後的防震防水表演，讓星辰錶聲名大振，精工錶感受到了強大的壓力。精工錶當然不可能笨到亦步亦趨，以同樣的表演來證明自己的卓越。

於是，精工錶機智地在每一個出售鐘錶的店鋪擺設了一個大型熱帶魚魚缸，將新型精工錶放置於其中，以證明它具有同等的防震防水功能，而且精工錶廠和每個售貨員都協議好，當顧客前來購買防水防震的錶時，一律推銷精工錶給他們。

這一招「渾水摸魚」實在高明，許多顧客誤以為大秀防震防水表演的就是魚缸中的錶，從而把精工錶買了回去。

不當「渾水」裡的魚

　　若想不被別人「渾水摸魚」，最重要的還是得時刻保持頭腦清醒，當對方把水攪渾時，一定要清醒地意識到對方的目的何在，時刻防備對方伸向自己的那隻黑手。

　　北國糧油貿易公司張經理就曾上過「渾水摸魚」的當，對此深有體會。日本客戶島村到他的公司訂購玉米，幾番壓價，從每噸 32 美元一直壓到 29.5 美元，而 29.5 美元一噸恰恰正是盈虧的分界點，如果以此價格成交，則公司不賺不賠。在這之前，從島村的口中張經理得知，島村還跟數家糧油公司進行過同樣的接洽，為了爭取到這筆大額生意，張經理不得不忍痛以一降再降的價格來取勝。不料，當雙方談定價格，準備簽約時，島村卻不見蹤影。經多方了解才發現，島村已與其他糧油公司簽訂合約。

　　原來，島村為了以最便宜的價格進貨，精心設計了這招「渾水摸魚」的計策，他先在幾家糧油公司之間往來穿梭，以各家公司的報價當依據，造成各家公司相互壓價的混亂局面，自己則輕輕鬆鬆地占了便宜，以最低價訂購了玉米。

　　張經理和另外幾家糧油公司的經理都沒能保持頭腦的清醒，在島村把水攪渾之後，不辨東西南北，糊里糊塗地上了當，或被島村當作壓價的工具利用，或被島村實打實地占了便宜，這番教訓相當深刻。

　　而在商業談判中，有些商家非常善於「渾水摸魚」，故意胡攪蠻纏，企圖造成對方的頭腦混亂，使自己能夠抓住可乘之機。這時，頭腦清醒就顯得更加重要。

　　只有頭腦清醒，才能在自己實施「渾水摸魚」時撈取足夠的好處；只有頭腦清醒，才能避免自己成了「渾水摸魚」的目標，白白蒙受巨大的損失。

金蟬脫殼

當立於危牆之下岌岌可危時。這時若明目張膽地撤離，恐遭對方堵截，或許還會闖入對方早已布好的圈套。

只有以「殼」為掩護，不動聲色地轉移，讓對方誤以為自己仍留在原地，而自己卻早已脫身方為上策。

當我方處於極其不利的境地時，與其坐以待斃，還不如設法脫身，以迴避即將到來的危險，肆機再起。

就如同金蟬，把一個空殼留在那裡，而自己卻早已逃之夭夭。

那個空殼會讓對方誤以為自己留在原地未動，在對方還沒有察覺之時實現自己逃脫的目的，爭取時間，養精蓄銳。

巧使障眼法，巧妙轉移，能使自己敗中求勝。既然不容易贏，逃的本領可不能不掌握。

迅速擺脫危機

在市場競爭中，常常會遇到難題，處於極其不利的境地中，這時，迅速擺脫危機就成了首要的任務。

日本索尼公司率先開發了小型電晶體收音機，為了進入美國市場，公司副總裁盛田昭夫親赴美國，投入促銷活動。他好不容易遇見了一個大買家，那個經銷商讓盛田昭夫開列從 5 千、1 萬、3 萬、5 萬到 10 萬臺收音機的報價單。

盛田昭夫大喜過望，抓住這個大買家，自己公司就會財源滾滾了。但冷靜一想，不行，索尼公司正處於初創階段，月生產能力只有千餘臺，數

萬臺的訂單是無論如何完成不了的。若是加大投資，擴充設備，對一個剛剛起步的小公司來說，無異要冒極大的風險。

難道就這麼打了退堂鼓？那豈不是將到手的鴨子放飛了嗎？

盛田昭夫苦思擺脫困境的辦法，終於想出一個「金蟬脫殼」之計：他列出了一個報價單，以 5 千臺為起點，1 萬臺的單價最低，之後逐步回升，10 萬臺的單價最高。

這個奇特的報價單讓那個經銷商驚疑不已，等弄清楚原因後，經銷商就爽快地訂購了 1 萬臺。

索尼公司正是在此誠信的基礎上，經過數十年的發展，創造了今天的輝煌。

盛田昭夫的智慧使公司從即將面對的風險中解脫出來，又極大地賺了一筆錢。

不過，盛田昭夫面對的處境並不算是驚心動魄，美國銀行家阿馬迪奧·賈尼尼曾經幾乎被置之死地，且看他是如何金蟬脫殼、迅速擺脫危機的。

當賈尼尼的控股公司紐約義大利銀行收購舊金山自由銀行後，業內人士普遍擔心賈尼尼野心勃勃，企圖控制美國銀行，因此聯邦儲備銀行進行了強硬干預，逼迫義大利銀行賣掉 51% 的股權。

於是，短短幾天裡，義大利銀行的股票暴跌 50%。

賈尼尼當機立斷，到德拉瓦州註冊成立了泛美股份有限公司，這家新公司的最大股東還是義大利銀行。

以該公司的名義，賈尼尼大量買進正在下跌的義大利銀行的股票，重新站穩了腳跟。

這種「金蟬脫殼」實在高明，以新公司的名義保存了實力，而僅留下舊公司的空殼供世人瞻仰，讓那些攻擊的冷箭無計可施。

而那些小公司由於船小好掉頭，在實施「金蟬脫殼」時，則顯得更加游刃有餘。

舉世聞名的美國矽谷聚集了大量的公司，競爭異常激烈，每天都有數千家公司倒閉，同時又有數千家公司開業。

開業，倒閉；倒閉，開業，大有「你方唱罷我登場」的意味，讓人眼花繚亂。

不過，其中的有一些公司並非如我們想像的那樣，倒閉以後就自認失敗，金盆洗手退出江湖，而是改換門庭，以新的面目重新出現。打一槍換一個地方，在市場競爭中隨心所欲，根據市場變化的趨勢，開拓新產品和新市場。

脫去舊「殼」，換上新「衣」，給世人新的驚喜。既然舊「殼」難以奏效，新的面目難道還會一事無成？

大浪淘沙，不進則退，不死則生，「金蟬脫殼」適應了市場這一趨勢，必將大行其道。

換個包裝

有些商品品質奇好，價錢奇低，卻偏偏賣不出去，這是為什麼呢？

究其原因，不外乎是包裝的問題。外表粗糙，其貌不揚，像個醜陋的「醜小鴨」，即使你真的是一隻「白天鵝」，消費者也沒有火眼金睛，能夠把你辨認出來。

怎麼辦？仍舊是那個舊「殼」，換一個包裝不就好了嗎？

某公司出口法藍瓷蓮花茶具，原先裝在瓦楞紙箱中，外表很不雅觀，儘管售價非常便宜，卻仍沒有銷量。後來改換了精美的外包裝，並展示了漂亮的實物照片，雖說售價由以前的 10 英鎊大漲至 90 英鎊，仍是顧客如雲，極其暢銷。

　　產品「包裝」透過外在的精美修飾刺激著消費者的購買欲望，在美化產品及企業外在形象的同時，也強調在公眾面前樹立起良好的形象。

　　「人靠衣裝，佛靠金裝」，經過「包裝」，自然就使山雞變鳳凰了。

　　從心理學的角度來看，商品包裝能起多方面的作用，直接影響消費者的心理變化。包裝具有標記功能，那精美的外表讓人過目不忘，久久留戀。包裝也具有美化功能，賞心悅目，可當作工藝品，在家中長期存放。包裝還具有增值功能，可以在無形中提高擁有者的地位，是財富和高水準的象徵。

　　對企業進行包裝，可以使公司永保魅力，在公眾面前贏得無比珍貴的信任，從而在信任的目光裡，使公司的發展一日千里。

　　包裝的方法多樣，僅以商品包裝為例，在此介紹幾種。

　　可以根據消費者的使用習慣和購買力差異，將產品分成不同分量，再相應地設計出不同的包裝。

　　可以在消費者購買散裝商品後，立即用一個精緻的塑膠袋或紙袋進行包裝，袋上可印有精美圖案、有紀念價值的標誌等。當商品使用完後，這個塑膠袋還能被消費者長期使用，勾起消費者長久的回憶，間接地也為企業揚了名。

　　可以設計系列包裝，如茶杯、茶壺、菸灰缸等用途相關的產品可放在同一包裝內，配套銷售，方便消費者選購。

　　可以進行廣告包裝。如今廣告包裝受到了極大的重視，鋪天蓋地的廣

告到了讓人厭煩的程度，因此在用廣告進行包裝時一定要有新意，同時又不可言過其實。

可以設計多功能包裝。如學生的文具盒製作成動畫人物的造型，既可以用又可以玩。盒內分多層，可放不同文具，如可彈出卷尺等工具，方便學生使用，多功能文具深受孩子喜愛。

可以在商品包裝內放入小玩具、集點卡、賀卡等，使消費者不僅享用了商品，又得到了意外驚喜。

禮品店裡為顧客製作的包裝，由於極其精美，極受顧客的喜愛。禮品包裝在構圖和文字上極其講究，值得市場參與者大力借鑑。

諸如此般地進行了一番精美包裝後，醜小鴨都可以變成美麗的天鵝了。

市場參與者之所以皆如此看重這個「殼」，就因為它具有極強的誘惑力，能使自己的商品搖身一變，身價百倍。

「買櫝還珠」的故事我們早都聽過無數遍了，如今還會有誰去笑那個鄭人是個傻子呢？

只是請注意，千萬不要「金玉其外，敗絮其中」。要知道，貨真價實才是長勝之道。

取個好名

好聽的名字同樣是一個精緻的「殼」，能深入人心，使人過目不忘，精明的商家全都注重在這上面絞盡腦汁。

名字選用不當，同樣會影響銷路。某國命名為「山羊」牌的鬧鐘出口到英國，雖然費了極大的人力物力，做了大量的廣告，仍是銷量冷清。

是品質不好嗎？不是。

原因就出在「山羊」這個名字上。原來英國人用「山羊」比喻「不正經的男子」，以這樣一個含有很強貶義的名字作為品牌，自然不會受到歡迎。

怎麼辦？換一個名字就行了。

這就是名副其實的「金蟬脫殼」。貨還是原來的貨，只不過改了名字，換了包裝。

全球最大的化妝品公司寶僑生產了一種肥皂，為了使肥皂能很快地打入市場，他們絞盡腦汁，為肥皂起了一個好名字，以名字這個漂亮的「殼」來吸引消費者。

《聖經》中的一句話引發了他們的靈感：「來自象牙宮的人，你所有的衣物都沾滿了沁人心脾的馨香！」

於是，這種貌不驚人的肥皂就被命名為「象牙香皂」，從它問世至今的 100 多年裡，為一代又一代的美國人清潔了身體，贏來了好評，為公司賺取了數不清的財富。

巧使障眼法，轉移人們的視線，當人們把全部精力集中到產品那精美的外表時，商家已不動聲色地達到了自己的目的。

這就是「金蟬脫殼」在市場行銷中最常見的運用。

● 關門捉賊

請君入甕，斷其退路，然後給予對方毀滅性打擊。

有盜賊來犯，「關門捉賊」是對付盜賊的一個有效辦法，比起在街頭巷尾和盜賊生死相拚，關門捉賊要有把握得多。軍事家將此計信手拈來，運用於戰爭中，將敵人設法引入我方的埋伏圈，然後斷其後路，封鎖其進路，再發動總攻，打一個漂亮的殲滅戰。

若想使對方踏進「門」來，不在屋裡布置一個美麗的誘餌是萬萬不可的，只有拋出誘餌，設好圈套，才使對手迫不及待地踏入陷阱，成了「關門捉賊」的俘虜。

當然，也不排除對手垂涎自己的富有主動來犯，那麼迎擊對手的巧妙策略還是非「關門捉賊」莫屬了。

設好圈套讓人鑽

石油大王洛克斐勒在構築他的「石油王國」的艱難征途中毒計迭出，不知道吞併了多少家石油公司，消滅了多少個競爭對手。「關門捉賊」更被他多次運用，而且常常是主動出擊，設好圈套，請君入甕，然後再「關門捉賊」。

當年湖濱鐵路董事長華特森與賓夕法尼亞鐵路公司董事長斯科特企圖獨霸鐵路運輸，為了爭取有力的外援，華特森代表斯科特，專程去拜會洛克斐勒，提出了「鐵路大聯盟」的計畫。

洛克斐勒一聽，頓時心花怒放，機會來了！但他一向老奸巨猾，居然喜怒不形於色的與華特森密議了很久。斯科特聽取了華特森的密報，覺得

事情並不簡單，於是親自出馬，終於與洛克斐勒敲定了商戰史上一個最惡毒的陰謀。

按照雙方簽訂的祕密協議，雙方聯合成立一家控股公司——「南方改良公司」。洛克斐勒答應全力支持斯科特「鐵路大聯盟」的構想，把所有運輸石油的鐵路公司聯合成一體，與特定的石油業者合作，從而擠垮那些競爭對手。斯科特則任由洛克斐勒來選擇加入控股公司的石油企業，以便把那些被他拒之門外的石油企業一一擠垮。

於是，石油鐵路的運費空前暴漲，居然一夜之間提高了 32 倍，而洛克斐勒及其同盟者的石油企業由於加入了這個大聯盟，享受到運費半價的高額折扣，而那些被拒在聯盟之外的石油企業則由於不堪承受高昂的鐵路運費，被紛紛擠垮，由洛克斐勒一一吞併。

洛克斐勒對那些競爭對手首先「關」上了鐵路運輸的「門」，讓他們無路可走，然後再一一消滅，「捉賊」成功。

而且對於野心勃勃的斯科特，洛克斐勒同樣採取「關門捉賊」的毒辣招數，只不過先拋出了誘餌，以支持斯科特建立鐵路大聯盟的方式，使斯科特誤把自己當作盟友。當自己把競爭對手一一吞併後，昔日的仇敵全變成自己麾下的猛將時，對斯科特實施「關門捉賊」的時機就成熟了。

洛克斐勒重新建立了石油生產者聯盟，聯合向不給予折扣的鐵路界宣戰，一下擊中了斯科特的要害。與此同時，他拜會了鐵路界中斯科特的老對手范德比爾特和古爾德，三方結成聯盟，共同對付斯科特。他大力降低生產成本，向斯科特的根據地匹茲堡地區進行規模空前的大傾銷，終於迫使斯科特無路可走，乖乖投降。

洛克斐勒毒計迭出，封死了斯科特謀求一線生機的所有「門」，使斯科特不得不低頭認輸，他又一次「捉賊」成功了。斯科特的全部企業被洛

克斐勒用 340 萬美元買下，這下洛克斐勒志得意滿了，整個大西洋沿岸的原油開採、運輸和價格都被他一手掌握。這一大計謀的成功，使他構築「石油王國」的路程又大大地向前跨了一大步。

「設好圈套請君入甕」，作為「關門捉賊」的重要前奏，是「關門捉賊」之計成功的關鍵。使用此計者無不在這方面大做文章。

雖說洛克斐勒式的「關門捉賊」為我們所不能苟同，但市場險灘密布，巨鯨惡鯊時有出沒，只有明察秋毫，及時識破對方的陰謀，才不致於中了對方的圈套，成了對方「關門捉賊」的目標。

包圍消費者

樋口俊夫是日本有名的藥商，他剛開始經營「樋口藥局」（藥ヒグチ）時，生意十分慘澹。

這樣的局面一直得不到改善，直到有一天，他隨手翻看一本書時，書中的一句話——「在不同一條直線上的三點可以確定一個平面」，將樋口引入了沉思之中——假設有三個不在一條直線的小店，其地理位置處在一個三角形的三個頂點上，它們之間的連線就構成了一個三角形。

如果這三個小店是同一個企業統一經營的，互相保持密切的聯絡，形成連鎖形式，那麼其中任何一個店某種藥品缺貨，只要一個電話打到附近的兩間店，立刻就得到支援。這麼一來，任何一間店都會讓顧客感到藥品充足、無所不備。

藥品是一個有統一技術標準的特殊商品，消費者一旦需要，必會有一種緊迫感，會盡可能就近購買，而不會考慮藥局是否布置得富麗堂皇。

三角形內的消費者處於被包圍狀態，就像被關在一間封閉的房間裡無

路可走，消費者肯定會在這個三角形的連鎖店系統中購買，這三間小店就會有較大的覆蓋面，這樣生意還不好才是怪事呢！

從此以後，樋口熱情待客，勤奮節儉，用儲蓄買下附近的兩家小店鋪，第一組三角形連鎖店形成了。

很快的，樋口俊夫的三角經商法發揮了很大的威力。除了原先所預想的優點以外，他還發現，三角形的連鎖店中只要為任何一間店做廣告宣傳，等於另兩間店也在做廣告宣傳。而且三個店可以聯合一起進貨，這樣一次進貨量多了，進貨成本就可以降低了，從而價格的競爭力也就增強了，加上貨品齊全，調貨及時，服務態度好，藥局的生意很快就興旺起來。但樋口並未因此滿足，他進一步發揮了他的三角經商法。以任何兩間老店為基礎，發展一間新店，使這三間店構成了一個新的三角連鎖系統。

由於有兩間老店的支援，新店和老店一樣富有競爭力。這樣一來，每建立一個新店，就可以擴大一個新的覆蓋面，一個能有效控制的、競爭對手無法進入的覆蓋面！他等於把顧客包圍起來，關在門內。

樋口藥妝連鎖店的經營範圍逐漸擴大到全國，連鎖店一家又一家出現在日本各地。樋口俊夫成了醫藥行銷大戶，利潤滾滾而來。

沒兩把刷子別捉賊

當把「賊」關入「門」內，當「賊」無路可走時，勢必要做困獸之鬥，這時就要看「捉」的功夫了。

如果投鼠忌器，遲遲不願動手，必將使「賊」苟延殘喘，甚至尋找到「破門」而出的時機，無異於縱虎歸山。

先發制人主動出擊，是「捉賊」成功的訣竅，在這時萬萬不可心慈手軟，也不可延誤時機，從而斷送了得之不易的取勝機會。

在市場競爭時，我方和對手有時會有意無意地進入同一個「門」內，這時誰先發制人主動出擊，誰就先掌握了一份主動，誰就先獲得了一線生機。

1950 年代，大型車成為各汽車公司的主要生產品種。福特公司獨具慧眼，推出小型「獵鷹汽車」，迅速占領了市場。1960 年代，福特公司又推出「野馬」新型車，又在世界各地刮起了一股「野馬」旋風。

先發制人主動出擊，使福特公司戰勝了競爭對手，獲得了巨額回報，是「捉賊」成功的典型範例。

1920 年代，美國人的生活水準還不高，冰箱在很長一段時間內被當作奢侈品，一般家庭無力購買，於是用冰塊冷凍食品就成了唯一的選擇。為了供給這一需求，當時美國到處都是出售冰塊的冰店，大家都被「關」在同一個「門」內，互相鬥得你死我活。

德克薩斯州有一個冰店老闆，針對這一狀況，先發制人地主動出擊，在冰塊之外兼賣其他貨品，很快地生意越來越好，其他冰店甘拜下風。

等到其他冰店紛紛效仿時，這個老闆又果斷採取了新措施。他發現人們的生活節奏加快了，購物與工作常常發生衝突，於是他又先發制人主動出擊，延長了營業時間，從早上 7 點一直營業到夜裡 11 點，極大地方便了顧客購物，使人們能利用上班前和下班後的閒置時間來購買物品。結果，該店聲名遠揚，顧客紛至遝來。後來，該店乾脆以工作時間為商店命名，別出心裁，吸收了更多的顧客。

這就是直到今天仍在世界各地享有盛名的「7-Eleven」便利商店。

再回頭想想樋口俊夫把消費者「關」在「門」內的案例，試想，如果他的藥妝商譽不佳，消費者肯定也不會買帳，他們會「破門而出」，捨近求遠地尋找其他藥妝。

遠交近攻

正確地選擇盟友及確定攻擊的目標，是遠交近攻的重點與困難點。在市場中，誰是我們暫時的朋友，誰是我們現在的敵人，這是一個生死攸關的問題。

認敵為友，會使自己面臨滅頂之災，認友為敵，會令自己陷入四面楚歌的可悲境地。

秦始皇為了掃平六國，一統天下，採取了遠交近攻的戰略：跟距離自己遠的國家結盟，而全力以赴地攻打鄰近的國家。於是，鄰國一個個被消滅，國土不斷擴大，等到最遠的國家也跟自己成了鄰國時，就可以毫不費力地把它消滅。由近及遠，目標明確，措施得宜，經過血腥征戰，終於統一了華夏大地。

在市場競爭中，「遠交近攻」需要正確地選擇盟友和確定攻擊目標。是友是敵，若想在市場競爭中正確地區分，確實難度很大。因為市場風雲變幻莫測，對利益的追逐，決定了不可能有永久的朋友，也不可能有永久的敵人。

為了利益，大家暫時走到一起；為了利益，彼此又成為冤家對頭。朋友是暫時的，敵人也是暫時的，在市場中，只有利益是永恆的。

為了攫取利益，發展壯大自己，我們必須根據自身狀況和市場的實際情況去選擇合適的盟友，確認進攻的目標。

必須提醒的是，現在結盟的朋友還是會成為未來的敵人，最終將在合適的時間點，對其加以攻擊。

因此，「遠交近攻」的核心就是正確選擇當前的攻擊目標，一旦這個

目標確定了，其餘的對手就可暫時結成盟友，以求徹底孤立對方，迅速取得勝利。

引狼入室的「叛徒」

1980 年代，世界著名的通用汽車公司陷入了嚴重的困境。日本汽車以咄咄逼人的攻勢在美國銳不可當，豐田汽車公司一馬當先，五十鈴、三菱、馬自達、本田等著名品牌以橫掃千軍之勢席捲美國大地。通用汽車公司雖有悠久的百年歷史和昔日輝煌的戰果，還是幾乎難以自保，每年以數億美元的巨額虧損呈現江河日下的慘狀。

1981 年 1 月，羅傑・史密斯受命於危難之際，出任通用汽車公司的第八任總裁。

形勢是異常嚴峻的，羅傑・史密斯面對困境苦尋良策。他深深明白，日本汽車之所以大獲全勝，是因為成本低廉，美國汽車生產廠的勞動力成本遠遠高於日本，平均每小時高於對手 8 美元，日本汽車也正是由於這個原因，才具有價廉物美的特點。

要想生產出成本更低的汽車，只有降低勞動力的成本，而這在美國是根本無法做到的。任何一種降低薪水和福利水準的措施，都會受到美國汽車工會的強力反對，還可能罷工使得公司的生產陷入癱瘓。

看來，目前把日本汽車當作敵人加以攻擊的話，只會是自取滅亡。羅傑・史密斯權衡再三，終於得出結論。他決定徹底改變過去的做法，不再像其他美國汽車廠商一樣把日本汽車當作敵人，而是要暫時結盟，和日本汽車廠商聯合起來，共同攻擊美國的其他汽車廠商。

這種「遠交近攻」雖說是當時最明智的選擇，但還是受到了美國其他

汽車廠商的一致責難。在他們眼裡，羅傑‧史密斯和通用汽車公司都成了
美國汽車行業的「叛徒」，做著「引狼入室」的勾當。

不管別人怎麼評價，羅傑‧史密斯按照自己的計畫，堅定不移地實
施。他非常清楚，和日本汽車廠商絕不可能成為永久的盟友，等到自己發
展壯大了，就一定要和日本汽車一決高下。

1982 年底，通用汽車公司與豐田汽車公司成功地實現了合資，建立
了新聯合汽車製造公司，1985 年 2 月，這家聯營公司生產的新車如期交
貨。在美國人異口同聲的譴責聲中，羅傑‧史密斯帶領公司成功地走出了
困境，轉虧為盈，在他上任的頭 3 年，就為公司淨賺 50 億美元，「遠交」
大獲成功。

與此同時，羅傑‧史密斯在美國國內瞄準時機，連連攻擊得手。他動
用 50 億美元購買了休斯飛機公司，利用該公司強大的高科技實力，成功
研製機器人，成為全美國最大的機器人生產公司。他在田納西州購置了
1,200 公頃的土地，建造了規模龐大的汽車生產基地，「近攻」同樣大獲
全勝。

透過「遠交近攻」，通用汽車公司迅速壯大起來。昔日的盟友最終要
成為對手，羅傑‧史密斯暗中制定了一個極為龐大的計畫，打算撥款 70
億美元，設計一種代號「GM-10」型的中型汽車，為全面打敗日本汽車鋪
平道路。

羅傑‧史密斯巧妙地運用「遠交近攻」，使通用汽車公司在日本人
強大的攻勢面前練就了金剛不壞之身。「遠交近攻」，剛柔相濟，攻守兼
備，在市場競爭中進退自如，妙不可言。如能巧妙運用，必能縱橫市場，
功成名就。

一個好漢三個幫

儘管市場中的盟友總是很難長久，為了追逐利益，總是聚少散多，合作少對'抗多，但不管怎麼說，尋找合作夥伴結成聯盟，還是市場中不可缺少的常見手法。

原因很簡單，不管自己的實力有多麼強大，也絕不可能一手遮天。一旦公然與天下人為敵，那麼千夫所指的局面就會出現。

即便你在心裡把某些人當作了競爭對手，但表面上還是不能不根據客觀形勢，與他們結成盟友，不管這種結盟的方式是維持幾天，還是幾年。

「一個好漢三個幫」，說的就是這個道理。這也就是「遠交近攻」中之所以反覆強調「遠交」的原因，以虛情假意的仁義道德贏得盟友，以求共同對敵，取得勝利。

舉世聞名的雀巢公司用生產即溶咖啡建立了龐大的「雀巢王國」，一旦功成名就，便不免有些得意忘形，忘記了「一個好漢三個幫」的古訓，險些導致了毀滅性的災難。

1970 年代末～ 1980 年代初，雀巢公司的競爭對手聯合起來別有用心地製造輿論，謀求敗壞雀巢公司的聲響。一時間，關於雀巢公司食品導致母乳哺育率下降、引發嬰兒死亡率上升的傳言甚囂塵上，直至發展成了一場世界性的抵制雀巢產品的行動。雀巢產品頓時名聲掃地，在歐美市場根本無法生存，這場前所未有的災難幾乎把雀巢公司逼入了絕境。

當此生死關頭，雀巢公司不惜重金請來了舉世聞名的公共關係專家帕根，請他為公司出謀劃策，度過難關。

也許真應了「外來的和尚會念經」這句老話，帕根很快地找出了病根，根本原因就在於雀巢公司太傲慢自大，動輒以大企業、老品牌自居，

不僅失去了盟友，成了孤家寡人，而且也招致了消費者的激烈反對，尤其以美國最嚴重。

帕根制定了一個「遠交近攻」的辦法：以美國為重心，進行大規模的公關活動，聽取消費者的批評意見，及時加以改進，舉行聽證委員會，以專家的權威證言擊退那些莫須有的謠言攻擊。在一系列「近攻」的得力措施配合之下，局面得到了初步好轉。

雀巢公司根據帕根的「遠交」策略，完全放下了大企業的架子，主動到開發中國家尋求盟友，以進一步擴大自己反擊的聲威。他們不再把這些國家僅僅看作是雀巢食品的市場，而是需要建立互惠互利的夥伴關係。

雀巢公司在印度建立了奶製品工廠，還設立了一個免費的獸醫服務處，得到了印度政府和人民的極大好感。印度人熱衷於飼養乳牛，從而成為雀巢公司的一個穩固的牛奶供應基地，每年可以產出 11.7 萬噸的高品質牛奶。飼養乳牛竟帶動了當地經濟的發展，使這個貧瘠的地區很快地富裕起來。

諸如此類的夥伴合作關係，也同時建立在其他開發中國家。每年雀巢公司都要投入 60 億瑞士法郎的巨資，從這些國家購買原料；為了幫助這些國家提高生產量，雀巢公司每年投入 8,000 萬瑞士法郎，重金聘請 1,000 多名專家在這些國家舉辦各式各樣的職業培訓班，為雀巢公司也為這些國家培訓了專門人才。

這一系列別開生面的「遠交」措施，為雀巢公司贏得了盟友，獲得了強有力的支持，從而徹底扭轉了不利局面。由於雀巢公司在這些國家建立了極其良好的形象，因此產品銷售一直保持極其熱銷，1984 年的年營業額高達 311 億瑞士法郎，重新在世界食品行業確立了強者的地位。

「一個好漢三個幫」，在任何時候、任何情況下，盟友都是少不了

的。不管你是初試身手，還是功成名就，不管你是險象環生，還是呼風喚雨，請在市場上為自己尋找幾個有力的盟友吧！他們必將為你的進一步成功插上飛騰的翅膀。

有所側重的策略

市場行銷形式多樣，但市場人士的經驗之談卻是：大生意要走，小生意要守。

做大的生意必須要有博大的胸懷和超人一等的膽識，勇於向外開拓發展，在「遠交」的基礎上側重於「近攻」；做小的生意則不能漫天飛，必須守住自己的攤位，守住黃金時間，在「近攻」的基礎上側重於「遠交」。

如果一間公司只打算開一年，就非常容易，隨便找一塊布，往人多的地方一鋪，擺上商品，叫賣幾聲「來呀，來看看」就行了，不用辦執照，也不打算交稅，稅務人員來了就跑。如果要開 3 年，就必須租個攤位，租個店面，做長期打算。如果要開 10 年，就不能靠租了，必須要購置自己的裝備，買汽車，買房子，為走向市場做好準備。

1950 年代，黑人喬治‧詹森獨自建立了一個專門生產黑人化妝品的詹森黑人化妝品公司，公司初創時僅有 500 美元資產和三名職工，可以說是小得不能再小了。

當時唯一正確的經營策略就是「小生意要守」，守住公司，守住黃金時間，以爭取客戶，戰勝對手。如果僅僅做到這 步，這家小公司充其量還是僅有幾個小店面而已，說不定早已在市場的驚濤駭浪中沉沒了。

詹森正確地採用了「遠交近攻」的策略，集中全力生產「粉質化妝

膏」，想盡一切辦法吸引消費者，戰勝當前的競爭對手，壯大自己。與此同時，他與赫赫有名的佛雷公司建立關聯，並巧妙地打出廣告：「各位黑人兄弟姊妹們，當你用過佛雷公司的產品化妝之後，再擦上一次詹森的粉質化妝膏，將會收到意想不到的效果。」借助佛雷公司的盛名，抬高了自己的身價，擴大了自己的影響力。

在「守」的基礎上實施巧妙的「遠交近攻」，詹森化妝品的市場占有率迅速擴大，經過數年的努力，不僅極大地發展了自己的公司，而且還將佛雷公司成功地擠出了黑人化妝品市場，把美國黑人化妝品市場變成了自己的獨家天下。

大生意要走，要以罕見的膽識走出店外，走出市外，走出國門，運用正確的「遠交近攻」戰勝一個個競爭對手，不斷取勝創造輝煌。

小生意要守，為了方便消費者，擴大經營規模，可以開設旅館、餐廳、24 小時商店，利用別出心裁的醒目招牌，抓住消費者的心，同時輔以正確的「遠交近攻」，使自己由小變大，由弱變強。

任何一家企業的成功史，都是與正確的攻守策略結合在一起的。針對自己經營上的具體情況，結合市場的實際狀況，運用正確的「遠交近攻」，去取得一個又一個勝利。

假途滅虢

用一個美妙的藉口，或者許以重利，來借水行舟、借機滲透，最後取得一箭雙雕的結果。

在商戰中，以一種合理藉口掩蓋自己謀取利益的目的，讓世人於茫然不覺間就被牽著鼻子走，這是「假途滅虢」在市場競爭中最有用武之地的地方。

攻防均有效

舉世聞名的服裝設計師皮爾・卡登在他傳奇般的市場經營中，多次運用「假途滅虢」之計，以各種合理藉口，來更新人們對服裝的理念，從而讓自己別具一格的服裝設計深入人心，為自己獲得了空前的成功。

「二戰」結束後，1950 年代的巴黎時裝界以珠光寶氣、富貴豔麗的服飾為主流，成為貴族身分的象徵，而普通百姓則可望不可及。皮爾・卡登響亮地打出了「成衣大眾化」的旗幟，他對於時裝的概念是，時裝必須大眾化，價格和設計都要以平民為出發點來著想。他推出了一系列材質平價、風格高雅的時裝，在廣大普通消費者間一炮而紅，名噪一時。

不料，他的舉動卻招來同行們的一致的攻擊，惡毒的咒罵紛至遝來，以至發展到把他一腳踢出巴黎時裝辛迪加工會的大門。

皮爾・卡登沒有退縮，而是繼續走自己的路，連續推出了一系列具有個人風格的服裝設計。以往男性服裝不被設計師所重視，極少出現專門為男性設計的具有陽剛之美的高級服裝，皮爾・卡登很快推出了一系列高級男裝，很受男士的歡迎。

之後，皮爾・卡登又推出了流行服裝系列，童裝系列，婦女秋季套裝系列等等，都在服裝界掀起了軒然大波。雖說攻擊他的聲音仍不絕於耳，但喜愛他的服裝設計的人卻有增無減，他的公司天天門庭若市。

到了 1962 年，法國服裝工會不得不低三下四地把皮爾・卡登這位已經舉世聞名的服裝設計大師恭請了回來，並請他出任主席。

皮爾・卡登終於贏得了所有人的尊敬，成為幾乎和戴高樂將軍齊名的法國名人。

皮爾・卡登的巨大成功是「假途滅虢」之計的巨大成功，他巧用一系列令人信服的合理藉口，推出他那一系列令人眼花繚亂的時裝，為自己賺取了可觀的財富，更贏得了崇高的聲望。

「假途滅虢」常常用來攻擊對方，但有時在遭到競爭對手的暗算時，巧用此計同樣可以收到奇功，成功地擊退敵方，保全自己。

武田製藥公司在臺灣享有盛名，他們研製的合利他命 F 榮獲世界專利，在市場上供不應求，由予利潤很高，很快成了製造假藥者爭相仿製的目標，使他們蒙受了重大的經濟損失，並極大地衝擊了市場銷售量。

面臨如此嚴峻的形勢，武田製藥公司苦於對仿冒者的情況一無所知，竟然無法擬定有效的反擊。但豈能永遠被動挨打呢？他們計議良久，終於擬定了一條「假途滅虢」的妙計。

於是，武田製藥公司推出了一項規模空前的「武田藥品愛福彩券」抽獎活動。這次活動大獎與特獎的數目眾多，引人注目，同時參加的辦法又非常簡單，只要購買合利他命 F 一盒，並將空盒寄來，同時需在盒蓋上注明購藥者的姓名、住址，以及出售該藥的店名，就可以參加。

從表面上看這只是一次正常的促銷活動，但那些造假藥者們做夢都沒想到，一張巨大的網正在這場活動掩蓋下悄悄織成了。

武田製藥公司抽樣調查專家對這些空藥盒進行技術鑑定，把盛放假藥的空盒一一挑出來，並根據空盒上留下的出售該藥的地址，掌握了製造假藥者的確切情報。

然後，武田製藥公司兵分三路，對製造假藥者進行了「圍剿」：一路跟購買假藥的消費者講解假藥的危害以及識別假藥的方法，從而發動消費者自動抵制假藥，使造假者無機可乘；一路規勸販賣假藥的藥局，讓他們自己改正；一路由治安機關出面，對那些屢教不改的製造假藥者進行取締，從而徹底擊退了製造假藥者的陰謀暗算，維護了自己的合法利益。

運用「假途滅虢」這條妙計，尋找一條合理的藉口，打出一個名正言順的旗號，在世人毫不覺察的情況下，暗中達到自己的目的，這種手段常常讓人防不勝防，不知不覺間就獲得了巨大的成功。

這個「假途」的方法，一定要「借」得極其巧妙，才能達到目的。因此，多動腦筋，別出心裁，尋找一個合理的藉口，打出一個名正言順的旗號，就顯得至關重要。

借援助的機會

春秋戰國時期，諸侯爭霸，烽火四起，為了取得軍事勝利，軍事家們無不挖空心思，創造了許多充滿智慧又狠辣的妙計。「假途滅虢」就是其中之一。

晉國為了取得對虢國軍事戰爭的勝利，用金銀珠寶向虞國借路，虞國不知是計，毫不猶豫地同意了。於是晉國大軍通過虞國國境，如同神兵天降，一舉滅了虢國，在班師回國途中，又乘虞國不防備，突然襲擊，把虞國也滅了，取回了原來賄賂虞國的珠寶。

假途滅虢

在這場戰爭中，晉國以「借路」為名，以金銀珠寶為誘餌，使虞國中計上當，當自己壯大之後，虞國同樣成了刀下之鬼。

「援助」作為一個動聽的口號，常常被市場中一些別有用心的人掛在口中。說是援助，又常常附加額外條件，迫使受援方不得不卑躬屈膝，直至最終成為對方的附庸。

這樣的事例舉不勝舉。本來人道主義援助是很受人敬重的，可在當今的國際市場中，推行霸權主義的一些國家卻以此為幌子，企圖使困難重重的第三世界國家雪上加霜，進一步喪失經濟乃至政治獨立的地位。

秉承著這一目的，並出於賺取大量財富的心理，這些國家的大企業紛紛打出「援助」的旗號，到那些弱小國家設廠開公司，逐步把持了那些國家的經濟命脈，極大地壯大了自己。

美國泛世通輪胎公司就曾巧使「假途滅虢」之計，以援助的名義，於 1936 年在西非的賴比瑞亞開設了龐大的橡膠園，為自己提供源源不斷的製造輪胎的原料，從而使自己逐步強大，並最終成為世界橡膠製造業的霸主。

在這之前，世界橡膠市場操縱在英國人手中，泛世通公司生產的輪胎因為在市場上一直供不應求，因而對橡膠的需求量極大。英國人憑藉自己在橡膠市場的壟斷地位，動輒漲價，令泛世通公司異常惱火。

泛世通公司副總裁費爾斯通二世秉承父親的旨意，要為費爾斯通家族的龐大基業開拓一塊海外基地，要為擔任總裁的父親費爾斯通解開套在頸上的枷鎖，打破英國人的封鎖。

於是他率領一支人馬，耗費大量資金到世界各地考察，最終選擇了賴比瑞亞。他以「援助」的名義，很輕易地得到了橡膠園的開墾使用權。當他的「假途滅虢」之計成功後，橡膠原料完全可以滿足自己的需求，並在

世界各地設了六十餘家工廠，還在英國明目張膽地開設了一家，給了英國橡膠廠當頭一棒。

　　「援助」的名義是極其美好的，但只要於人於己皆有利，也就無可厚非。只是千萬要提防，在這美好的名義下，有人暗中投下「假途滅虢」的陷阱。

偷梁換柱

「偷梁換柱」的核心在於「暗中更換關鍵部分」，是市場競爭中的高級謀略，只有透澈地領悟，才能準確實施。過之，則害人毀己。

在很多時候，「偷梁換柱」都是個貶義詞，含有玩弄手法、欺世盜名的不良色彩。儘管這個詞最初出現時僅僅是指對房屋結構的更換和改變，但一旦進入人類社會，就不能不與陰謀詭計掛上了鉤。

在當今的市場上，假冒偽造產品仍然很猖獗，雖然屢屢施以打擊，使這一惡劣現象有所收斂，但暴利的驅使仍使不少人鋌而走險，公然以名牌包裝出現，卻暗中更換關鍵部分，換上了假冒的次級品，使消費者連連上當。

這樣的「偷梁換柱」過於低劣，免不了被人們群起而攻之，在市場中如喪家之犬，東躲西藏，見不得天日，而且遲早會被繩之以法，以可恥的下場而告終。

如果大家簡單地把「偷梁換柱」等同於這種行為，那麼此計就應該逐出本書了。事實上，「偷梁換柱」作為一種包含著高度智慧的計謀，在市場競爭中是大有用武之地的。

暗中更換關鍵部位

當市場條件尚不成熟，還不容許自己的新產品拋頭露面時，可以運用「偷梁換柱」，以人們能夠接受的外表出現在世人面前，而在暗中逐步更換其中的關鍵部分。一旦世人逐漸熟悉了這些產品的功用，對其中更換的關鍵部分完全的認同後，一種新產品就呼之欲出了，而人們的觀念也就在

這個過程中潛移默化地得到了改變。

胸罩作為美觀實用的內衣，如今已得到了廣大女性的普遍歡迎。然而，從它的問世到走向市場，還是頗費周折的，「偷梁換柱」的計謀在其中竟發揮了關鍵的作用。

現代女性也許很難想像，就在 20 世紀初，美國婦女還是以胸部平坦為美。為此，許多胸部豐滿的少女不得不忍痛束胸，苦不堪言。

童年時期就從俄國來到美國的依黛‧羅辛薩爾是個很有心計的女人，她與丈夫一起開了一家不大的服裝店，由於她善於從別人的服裝款式上吸取長處，勇於創新，再加上她的靈活經營，服裝店的生意竟越來越好。

經常有女客人向她訴說束胸的煩惱，迫切希望能有一種解除婦女痛苦的服裝出現，依黛將這些一一記在心裡，反覆思考如何才能衝破傳統觀念，改變流行的服裝樣式。

依黛深深懂得，如果設計一種全新的服裝，公然向傳統觀念叫陣，那麼，強大的社會輿論肯定會把她擊垮。再三盤算，她終於想出了「偷梁換柱」之計，決定在保留現有服裝款式的前提下，暗中在其內部進行關鍵性的改變。

於是，依黛用心良苦地用一件小型胸兜來代替捆胸的束帶，再在上衣胸前巧妙地縫製兩個口袋，用以掩飾乳房的高度。這套服裝極得「偷梁換柱」之精髓，既解除了婦女束胸之苦，又避開了社會輿論的指責，很快成了搶手貨，她的服裝店頓時門庭若市。

等到人們對這一服裝習以為常，依黛覺得推出一種全新的婦女內衣的時機已經成熟了，她決心以她的大膽設計打破傳統觀念，為婦女徹底解除痛苦。

她很快設計製作了一批胸罩推向市場，轟動了整個美國。儘管有一部

分人仍歇斯底里地反對，但絕大部分人都抱持著肯定的態度，美國婦女更是爭先恐後，紛紛前來購買。

依黛迅速成立了「少女股份公司」，投入大量生產。短短幾年時間，這家公司由十餘人發展到了數千人，銷售額也激增至數百萬美元，即使在經濟危機籠罩下的 30 年代，依黛的公司仍然一枝獨秀，令人嘆為觀止。

依黛‧羅辛薩爾的成功是「偷梁換柱」之計的輝煌成果。她在社會輿論尚難接受她對婦女內衣的大膽革新時，機智地採取循序漸進的手法，先保留人們習以為常的外在款式，而暗中更換了其中的關鍵部分。等到人們能夠接受她的革新理念時，再徹底地改頭換面，用一種全新的姿態出現在世人面前，不僅獲得了極大的成功，而且徹底改變了人們的傳統觀念。

小心翼翼地步步深入，先從局部入手，一部分一部分不為人知地更換，直到有一天實行徹底的改頭換面。這樣，當一種全新的產品或全新的形象出現在世人面前時，人們才不會因為太突然而感到驚慌失措，異口同聲地予以拒絕，而是順理成章地接納了它，把它當作理所當然的事實予以肯定。

暗中更換關鍵部分的行動是一直在不動聲色地循序漸進的，如果某一天突然公然出擊，那一定是「偷梁換柱」大功告成了。

不斷變更企業形象

與「偷梁換柱」在突破傳統理念、革新產品樣式方面的奇效相類似，在樹立企業形象方面，「偷梁換柱」常常也能發揮神奇的作用。

一個名不見經傳默默無聞的小企業，最終成功地成為規模龐大、實力超群的一流企業，從它由小到大的發展歷程中就不難發現，「偷梁換柱」的奇謀無時無刻不在產生作用。無論是新產品的開發，還是經營領域的轉

移，無論是企業新形象的重新確立，還是傳統經營理念的大膽突破，「偷梁換柱」一直以暗中更換關鍵部分的循序漸進措施，逐漸地使企業發生著日新月異的變化，直到它以一個巨人的形象出現在世人面前，人們才不由得驚呼：原來貌不驚人的醜小鴨已成天鵝了！

有一點一定要注意，無論是產品的更新還是企業形象的改變，都應該越變越好，千萬不能把原有的「梁」和「柱」抽去，換上幾根朽木枯枝，如果那樣做了，企業的大廈肯定會瞬間倒塌。

偷天換日方稱高手

「偷梁換柱」已是市場競爭中的勝利者，但要跟「偷天換日」相比，還是略遜一籌。

「偷梁換柱」和「偷天換日」含意完全相同，只不過在智慧和詭詐的程度上，「偷天換日」顯得更加高明。

舉世聞名的寶僑公司，是靠一種極其普通的肥皂起家的。他們生產的肥皂和其他家生產的成分大同小異，性能也不相上下，按理說在市場競爭中很難有勝出的機會。

然而他們不僅大大地成功了，而且還把他們公司的名字和產品滲透到了世界上的每一個角落，其中奧妙何在呢？

寶僑公司的奠基人威廉‧普羅克特簡直是「偷天換日」的高手，雖說他的肥皂在成分上與其他家的肥皂沒有絲毫不同，但他大膽地改變了肥皂的外觀，把當時又黑又粗糙的肥皂生產成了外觀潔白，手感細膩的肥皂，並美其名曰「象牙香皂」。

這還不夠，他還大張旗鼓地展開了廣告攻勢，創造了一系列前所未聞

的廣告新形式，如連環畫形式，收集包裝紙換取獎品方式，聘請科學家做專業的化驗報告方式等等。經過這番轟轟烈烈的吹捧，「象牙香皂」居然吸引了全世界的消費者，由一種普通得不能再普通的肥皂變成了消費者心目中的「洗滌之王」。

必須承認，在普洛斯特之前，廣告從來沒有得到如此大規模而又獨具匠心的運用。他開創了一個廣告的新時代，把自己的公司發展成了規模龐大的國際性財團，也同時把廣告大張旗鼓地引入市場競爭的領域，成為今天市場經營所不可缺少的重要手段。

普洛斯特的成功，先是「偷天換日」地改變了肥皂的外觀，其次是利用廣告把普通之物變成了神奇之物，吸引了消費者的耳目，所以取得了異乎尋常的成功。

當被對手逼入絕境，若想拯救自己，僅靠「偷梁換柱」，只怕遠遠不夠，只有巧使「偷天換日」，才能為自己爭取一線生機。

三井物產公司和三菱公司是一對市場中的老冤家，他們曾經進行了一場空前慘烈的海運爭奪，結果雙方都付出了慘重的代價，不過無論如何，三菱公司還是獲得了最終的勝利，三井物產公司只得困守著碩果僅存的三井三池煤礦，苟延殘喘了。

但三菱公司具有「痛打落水狗」的精神，仍不肯甘休，決心把三池煤礦也奪到手讓三井物產公司永世不得翻身。

三池煤礦是日本最大的煤礦，經營權在政府手裡，銷售權則由三井物產公司取得。經過一番奔走，三菱公司終於說服政府以公開招標的方式，決定三池煤礦的歸屬。投標期限定在當年的 7 月 30 日，8 月 1 日開標，底價是 400 萬元，必須預付 100 萬元作為保證金，其餘的 300 萬元於 15 年內付清。

　　這已經到了生死關頭，三井物產公司只有背水一戰，否則就要從市場中永遠消失。當時，三井物產公司的經營異常困難，連保證金 100 萬元都無法拿出，董事長益田孝走投無路，只得四處借款，低聲下氣，好話說盡，才如期交出了保證金。

　　在投標的價格上，益田孝費盡了心機：既要價格較低，又要比對手三菱公司稍高一些，這樣投標才能成功，到底投標多少才合適呢？

　　思考了幾天幾夜，益田孝終於想出了「偷天換日」的高招。他以自己的名字投標 410 萬元，估計可能會贏不了對手，又用假名字投標 455 萬元。又轉念一想，三菱公司只怕也會這麼揣測，於是又在後面加了 5,000 元，成了 455.5 萬元。

　　確定了投標價格之後，益田孝心裡還是忐忑不安：如果對手投標價格沒有那麼高，自己即使勝利了，豈不是要多付出數十萬元嗎？自己的手頭並不寬裕呀！那麼對手到底會投多少錢呢？或許是 420 萬元吧！也許還會再加 5,000 元，那我就再投一標，投 427.5 萬元吧！

　　於是，益田孝一個人投了三標。如果對手投標價格不高的話，自己就可以用稍低的價格取勝，從而避免了多掏不必要的冤枉錢。其中只有 410 萬元是以他自己的名義投的，其餘兩標皆用假名，這招「偷天換日」，即使對手再聰明，只怕也預料不到。

　　但即使權衡再三，益田孝還是放心不下，開標的前一天，他徹夜未眠，這畢竟是生死攸關的較量啊！

　　8 月 1 日開標，結果顯示，三菱公司投標 455 萬元，益田孝以 455.5 萬元的優勢戰勝了對手，保住了三池煤礦。憑著他堅忍不拔的毅力，經過數年的苦心經營，終於憑藉三池煤礦豐富的礦藏，使公司起死回生，重獲生機。

在生死攸關的緊要關頭，益田孝以「偷天換日」的神奇手段，用最划算的價格機智地戰勝了對手。投標成功，保住了最後一座城池，為東山再起創造了條件。

「偷梁換柱」固然高明，「偷天換日」固然神妙，如果運用不當，同樣也會適得其反。

弄虛作假、以假亂真、損人利己的行為應該堅決不做，此計的正確運用只能作為一種高明的謀略，在不違反法規的前提下，為企業的發展壯大而大膽的推陳出新。

企業的名稱、產品的商標、企業的形象、經營的手段等等，都要適應市場變化，進行適時的局部更換，以便能以更為亮麗的樣貌贏得消費者青睞，戰勝對手，占領市場。

指桑罵槐

旁敲側擊，含沙射影，把自己的真正動機隱藏起來，和對手做漫無邊際的交談，進行親密無間的交流，在這過程中尋找可乘之機，以取得出人意料的收穫。

指桑罵槐，「指」的是「桑」，表面上對你毫無惡意，甚至還可以用春風般的笑臉迷惑你；與此同時，卻大搞小動作，惡狠狠地「罵槐」，把你當作攻擊的目標。

古代統治者常常利用此計，大搞權術，把臣民玩弄於股掌之中。現今的市場經營者如果精通此計，同樣可以把競爭對手玩弄得死去活來。

雖說我們一貫反對惡性競爭，更對在市場競爭中玩弄陰謀者深惡痛絕，但鑑於此計如果能被市場人士正確運用，同樣能做到既獲得巨大收益，又不傷天害理，因此，市場中的朋友在了解運用此計的同時，務必要警惕那些別有用心的不法商人玩弄「指桑罵槐」的陰謀。

川普的發跡史

唐納‧川普是美國著名的房地產開發商，在他白手起家，奇蹟般地成為億萬富翁的過程中，痛快淋漓地運用了「指桑罵槐」之術，旁敲側擊的含沙射影，竟成為他取得每一次成功的重要手段，而他的諸多對手，全都不知不覺地被他玩弄於手掌之上，糊里糊塗地看著他賺了大錢，才恍然發現自己中了他的計。

當 26 歲的川普於 1971 年闖入曼哈頓時，還是個默默無聞的窮小子，他為自己租了一間辦公室，試圖進入房地產市場。然而，他一無資金，二

無技術，赤手空拳，孤身一人，這天下如何才能打下來？

他苦思良久，想出了「指桑罵槐」之計：首先進入紐約上層人士出入的俱樂部，從那些社會名流和億萬富翁身上旁敲側擊，尋找機會。

川普無權無勢，想要進入上流社交圈談何容易？他去了幾次，幾次都被拒之門外，而且對方那傲慢輕蔑的口氣，讓他的自尊心大受打擊。

他並不甘心，決心再試一試。從這些就可看出他是練就了極「厚」臉皮的人，如果因為接二連三地碰壁就此罷休，也許發財的機會就與他失之交臂了。

好在皇天不負苦心人，他終於透過一個偶然機會結識了該俱樂部的董事長。這個董事長嗜酒如命，平素滴酒不沾的川普居然拚命地和董事長天天喝酒，成了形影不離的好朋友。他終於如願以償地踏進了上流社會的門檻，從那些政要富商身上發現了許多發財的機會。

他初次使用「指桑罵槐」就獲得了巨大的成功，那個董事長沉溺於杯酒之歡，絲毫沒有發覺川普借助他的名義，是為了旁敲側擊地去發現發財機會。

川普做成的第一筆大生意是以 6,200 萬美元購買了賓夕法尼亞中央鐵路兩岸的兩塊土地。僅有幾間小小辦公室的川普居然憑空捏造出了一個實力雄厚、規模龐大的「川普集團」，博得了對方的信任，賓夕法尼亞中央鐵路公司居然破天荒地支付了一大筆費用，作為川普開發這兩塊地皮所用，這自然讓川普欣喜若狂。

川普本來計劃在那兩塊土地上建住宅，但由於經濟形勢的巨變，貸款發生問題，只好放棄。面對困境，他又一次使出了「指桑罵槐」這個法寶，居然異想天開地想說服紐約市政府把他手中的土地買下來，作為紐約新的會議中心。

出乎所有人的意料，這一次，他又成功了。

當時紐約市政府中有許多人主張把曼哈頓南部的「炮臺公園城」建成新的會議中心，為了改變這一局面，川普動用了社會輿論的力量。他組織了精明幹練的遊說隊伍，頻繁召開記者招待會，發表演講，並竭力拉攏紐約政壇上有權勢的人物。

經過這一連串的公關活動，他得到了社會公眾的極大關注。人們議論紛紛，對興建新的會議中心眾說紛紜，川普不失時機地四處演講，強調把新的會議中心放在他的土地上是多麼富有遠見。他終於贏得了社會公眾的支持，再加上紐約市政府的幾位實權人物給予了他足夠的幫助，使市政府終於把川普的土地購買了下來。

這筆大買賣使川普淨賺 83 萬美元，他獲得了有生以來第一次巨大的成功，這為他今後在房地產市場稱王稱霸打下了基礎。

明明是手中的土地無法出手，急等買家上門，川普卻不像大多數生意人那樣焦頭爛額地出門推銷，而是旁敲側擊含沙射影，極力宣傳把紐約新會議中心安置在自己這塊土地上的諸多好處。如此這般「指桑罵槐」，神鬼莫測地達到了自己的目的，使紐約市政府改變了新會議中心的選址。

川普妙用「指桑罵槐」的計謀，從競爭對手手中搶到了生意，發了大財，而他的那些競爭對手明明知道他的行動另有目的，卻苦於無法抓住把柄進行有力的反擊。他進入俱樂部如果只能算初試鋒芒的話，那麼讓紐約市政府去買他手中的土地，則真是鋒芒畢露橫掃群雄了。

從罵人的手段到市場上的取勝法寶，「指桑罵槐」中包含有無數的智慧和詭詐，值得我們去深入探討，也值得我們去百倍警惕。

打動消費者的心

明明是中秋佳節趁機出售月餅想要大賺一把，卻在商場門口堂而皇之地拉出大字橫幅：「全聯購物中心祝大家闔家團圓，美滿幸福！」

明明是借助春節之機大做廣告想為產品打開銷路，卻一本正經地聲稱：「宏碁電腦祝大家春節愉快！」

這都是和市場行銷反其道而行的措施，雖沒有透過鋪天蓋地的廣告把自己誇成一朵鮮花，但他們的最終目的仍是一致的。但那裡面所包含的豐富潛臺詞也不言自明。

而且，這種手段往往更為高明，常常能更強烈地打動消費者的心。由於它讓消費者體驗到溫馨和關懷，因此更能深入人心。

賣什麼不吆喝什麼，常常比直接大聲吆喝更能收到立竿見影的效果。因此在這方面多花心思，巧作琢磨，必能收到事半功倍的效果。

美國德州儀器公司以「鳴謝」的形式來打廣告，他們描繪了自己的產品在某城市供不應求的盛況，對支持自己的某城市各界人士和給予自己厚愛的廣大消費者表達了由衷的感謝。

名為「感謝」，其實是項莊舞劍意在沛公，那些對產品供不應求的文字描繪，不正是間接宣傳了自己的產品嗎？

有些企業對「賣什麼不吆喝什麼」之道深有研究，並極力實施，這自然是好的，但其中有部分企業卻變本加厲，大搞「有償新聞」，借助新聞報導為自己臉上貼金，不僅違反了國家相關規定，而且還助長了不正之風，必須堅決抵制。

當然這並不是說用新聞報導宣傳企業的做法就該一律摒棄，高明的企業家會巧妙地製造出引人注目的新聞，讓記者們聞風而動，紛紛前來採

訪，借助採訪報導，間接宣傳了自身的企業，擴大了知名度。

芝加哥一家房地產公司選擇了一個四面環水的秀麗小島，建造了幾座宛若世外桃源的豪華別墅，命名為「港灣公寓」。為了廣告造勢，他們借助美國建國兩百週年紀念活動，製造了一個轟動美國的新聞。

當歷史性日子到來的那一天，他們舉行了令人注目的升旗儀式。芝加哥市長派了代表專門主持升旗儀式，附近一所海軍學校的學員被請來擔任升旗的儀仗隊。在軍樂聲中，美國國旗莊嚴地升起。

新聞記者聞訊而來，對這一新聞進行了專題報導。港灣公寓美麗的建築和環境全部被拍入鏡頭，於當晚的電視中播放了出來。

結果，港灣公寓名聲大振，由原來的無人問津變成一搶而空，真好比醜小鴨變成了白天鵝，居然如此炙手可熱。

房地產公司本來要做的工作是銷售公寓，然而出現在世人面前的卻是慶祝美國建國兩百週年而舉行的一次盛況空前的升旗活動。這種「賣什麼不吆喝什麼」，是「指桑罵槐」智謀的集中展現，雖只是旁敲側擊，卻更能抓住人心，取得出人意料的成果。

談判的學問

「指桑罵槐」本身就是人際交流中的一種手段，對於以人際交流為特徵的談判來說，就顯得更有用武之地，也能更好地發揮它特有的作用。

千萬不可小看談判，許多市場人士的成功往往是從談判桌上獲得的。古人常說：「三寸不爛之舌，勝似百萬雄師。」談判的威力由此可見一斑。

談判作為商戰中一個重要的策略和技巧，常常需要運用旁敲側擊含沙射影的手段，透過面對面的交鋒，進行口舌之爭，來較量雙方智慧的高下。

因此，談判前的準備十分重要，一定要做到有備無患。要切實了解對方的動機、需求、長遠目標，更要透澈掌握對方談判人員的個性、心理、權限，甚至對談判的時間、地點、環境都要有所考慮，制定出切實可行的談判策略，使自己自始至終掌握談判的主動權。

選派談判人員，要考察他們必備的素養：靈敏的反應能力、流利的口頭表達能力、深刻的理解能力、專業的外語會話能力等等。談判人員如果選派恰當，必能輕鬆地，擊敗對方，獲取比原先所預料的更多的財富。

談話的技巧在談判過程中至關重要。要針對對方的情況，選擇合適的談判策略，攻要攻得有理有據，綿裡藏針；守要守得滴水不漏，堅持原則。該忍則忍，該爭則爭，進退有據，攻守適度。在談判的過程中，要再三地闡述自己的觀點，言辭懇切地表達自己的誠意和立場。千萬不可感情用事，更不能有絲毫馬虎，從而給了'對方可乘之機。

如果正式談判難以達成協議，那麼場外談判由於沒有了劍拔弩張的氣氛，反而更容易給雙方心平氣和相互交流的機會，抓住這個難得的機會，借助談天說地，飲酒吃飯，很可能會逐漸取得共識，並進而達成協議。

有些企業喜歡在談判中操弄「暗」的一手：明裡指派張三為談判代表，同時卻指派經驗更為豐富、權勢更大的李四全權負責，張三在談判桌上與對方交鋒，李四則在私下與對方進行非正式接觸，以便了解到對方更多的情報，從而決定談判中至關重要的幾個環節。

並非所有的事情都能在會議桌上得到解決，因此場外談判成了正式談判的有效補充。只是千萬要注意，在你想摸清對方情況的同時，對方也在試圖摸清你的老底。

談判是一項極其耗費智力和精力的艱巨工程，因此要有充足的耐心，去和對方打「持久戰」。在這方面，美國人和日本人恰恰相反。美國人喜

歡速戰速決，痛快淋漓地結束一個談判，再去忙別的生意的談判。但如果哪個日本談判代表這麼做了，十之八九會被老闆解僱，因為日本人頑固地認為，交易太快，只能說明談判人員判斷力不佳，素養不高。

有太多太多的事情都需要時間去解決：對對方的了解程度，談判問題的癥結所在，對對方弱點的掌握程度，雙方合作的風險與收益等等。還有，當雙方有巨大的分歧時，更是需要時間慢慢去磨合。

因此，只有耐著心打「持久戰」，才能最大限度地滿足雙方的需求，達成一項令雙方都滿意的協定。

電話商談則和耐心談判背道而馳，往往只用很短的時間，雙方連面都不用見，就達成了口頭協定。當然，電話商談的不可靠程度及由此帶來的風險都是極高的，如果不是相知極深的商業夥伴，或是談判已經有了一定的基礎，要盡量避免使用電話商談，最起碼不能借助這種方式達成協議。

只有當你準備得遠比對方充分時，你才能進行電話商談，因為這時對你更有利一些，這一點務必牢牢記住。

不管是以哪種方式的談判，「指桑罵槐」都令人目不暇接地貫穿在談判的全過程中。談判人員務必以高度的責任感和強烈的敬業精神，逞著口舌之能，旁敲側擊含沙射影，為自己的企業謀求更大的利益。

談判的學問無限大，只有反覆的在市場中實踐，才能更嫻熟地運用，才能游刃有餘，達成任務。

假痴不癲

外表如同傻子，心裡卻如明鏡一樣。大智若愚，使別人對自己毫無戒心。

因為大智若愚，才能心靜如水，不計較一時的成敗得失，永遠樂觀向上；因為大智若愚，才能在世人面前樹立誠實質樸的美好形象，得道多助；正因為大智若愚；才能虛懷若谷，集眾人的智慧於一身，三個臭皮匠尚且抵得上一個諸葛亮，眾人的智慧自然也可翻江倒海了。

「大智若愚」是「信義無價，智者無敵」的集中展現，是「臉皮要厚而無形、心要黑而無色」的極高境界，市場人士若能修煉到此地步，則距成功不遠矣。

大智若愚

世界著名發行人克坦斯對此深有領悟。每當下屬要向他請示重大問題時，他總是「哼哼哈哈」之後藉故離開，而且一去就是十天半月，甚至幾個月。等他打道回公司時，所有問題都已妥善解決了。

他以「大智若愚」的姿態，留給下屬充分的時間和充足的自由自行解決問題，漸漸把下屬培養成獨當一面的人才。

在美國紐約的一條街道上，並排出現了兩家廉價商店，一家叫做紐約廉價商店，另一家叫做美國廉價商店，兩家猶如生死對頭，鬥得不亦樂乎。

他們時常會擺出同樣的商品，互相壓價，以吸引顧客。顧客們都異常高興，因為他們從這兩家的「鷸蚌相爭」中獲得了「漁人之利」。誰家更

便宜一些,顧客便蜂擁前去購買。

這兩家商店的矛盾漸深,兩家店老闆時常站在店門口互相責罵,甚至拳打腳踢,顧客們卻很少前去勸解,因為只要他們的爭鬥持續一天,顧客們就可以多買到一天便宜貨。

突然有一天,這兩家商店的老闆奇蹟般地消失了。新主人踏進這兩家的店門,驚奇地發現,這兩家店竟有一條密道連在一起,而兩個店老闆的臥室也有一扇門相接。原來,這兩個店老闆竟是一對親生兄弟。

這對親生兄弟一直在裝傻!他們故意表演一齣鷸蚌相爭的蠢戲,讓顧客們誤以為占到了便宜,其實最終發財的恰恰是這對兄弟,在每一次降價競爭中,最後的勝利者趁機把自己兄弟沒能賣完的貨物一股腦兒處理了。

明明能接受,偏偏要假裝糊塗;明明想賺錢,偏偏表現得對金錢毫無興趣;明明想開拓市場建功立業,偏偏要顯得淡泊明志與世無爭。這就是大智若愚。

於無聲處聽驚雷

與當今一些商家誇誇其談的大打廣告相反,「大智若愚」更需要的是沉默是金。

許多人都見過啞巴賣刀,聾啞人士不會唾沫橫飛地誇耀他的刀是多麼鋒利,只會把一把鐵絲放在地上,揮刀一下一下地砍,鐵絲截截斷開,於是圍觀的人們紛紛搶購。

他用他的行動來證明產品品質,而不是用誇誇其談的廣告!

這是一聲驚雷,是沉默中的霹靂,它勝過千言萬語,它把一切粉飾包裝的言辭擊得粉碎!

假痴不癲

英國的馬莎百貨公司深深懂得這個道理，他們堅決拒絕作任何形式的廣告，只把良好的口碑牢牢紮根在人們的心裡。

這家公司的創始人馬克斯是波蘭猶太人，當他流浪到英國里茲城時，已一貧如洗。他借錢買了一些貨物，擺了一個小地攤。但由於他不會講英語，無法和當地人交談，只好製作了一個招牌，上面寫著：「不要問價錢，每個一便士」，任人挑選。由於品質好又很便宜，所以顧客很多。

馬克斯就真的像個啞巴似的賣了兩年，攢了一些本錢，於是決定擴大經營，開設了幾家「便士市集」，以他這種獨特的銷售方式經營。不久，英國人斯賓塞成了他忠實的合夥人，「馬莎百貨公司」正式成立，漸漸擴張到英國每一個城市。

這家公司的後繼者們繼承了這一優良傳統，以良好的信譽在消費者心目中占有永恆的地位。他們絕不直接從製造商處進貨，而是派出技術人員監督製造商嚴格按照自己的要求生產商品，從而確保了商品的品質。他們從不開發票給顧客，但只要顧客前來退貨，他們都毫不遲疑地給予退換，因為他們擁有「聖米高」這個舉世無雙的商標。

於無聲處聽驚雷，從不做廣告的馬莎百貨公司如今是英國首屈一指的百貨公司，連英國前首相柴契爾夫人都常常前來光顧，對這家公司讚譽有加。

當我們聽厭了誇誇其談的推銷和喋喋不休的廣告時，「沉默是金」就恰如七彩虹霓，在我們面前展現出醉人的美麗。

在《總裁的檢討》中一書中深刻地寫道：「我們當時所處的那個轟轟烈烈的時代，讓人沒時間去慢慢體會管理的成效和管理的結果。」「在那個歲月憑嘴就行了，所以誰都不願意實做。」「企業在創新水準和創新節奏上不夠成熟和老道，使創新行為看上去還是盯著眼前利益以保持市場占

有率不跌。」

當世界以全新的姿態迎來一個全新的世紀時，「憑嘴就行」的年代也一去不復返了，殘酷的市場競爭要求每一個市場經營者都腳踏實地，以信譽取勝，以品質競爭，以智慧和魄力開拓並前進。於無聲處聽驚雷，正是每一個市場人士理應終生追求的最高境界。

德魯比克兄弟是美國人，他們共同開了一家服裝店，哥哥每天都站在門口招攬顧客，弟弟則在店內介紹商品。

當哥哥把顧客引入店內，兄弟倆就輪番上陣，熱情介紹。當顧客看中了某件衣服，問身旁的哥哥衣服的價錢，哥哥就會口頭問遠處的弟弟，弟弟答 72 美元。哥哥耳朵有些「聾」，轉頭對顧客說 42 美元。弟弟的耳朵也不太好，就沒有給予糾正。顧客一聽，這下可占了大便宜了，於是就趕快付了 42 美元，拿起衣服就走。

這對「聾」兄弟就這樣賣出了一件又一件衣服。顧客們歡天喜地，去了又來，兄弟倆的生意一直很興旺。

只有這對兄弟自己心裡清楚，他們一點都不聾，完全是在裝聾賣傻，給顧客一種占便宜的喜悅，吸引顧客不斷前來購物。

把自己裝作聾子，讓自己處於無聲世界中，僅以商品的優質和價格的實惠呈現給顧客，這遠比千言萬語和花言巧語更能讓人心動。

於無聲處聽驚雷，恰恰因為節省了誇誇其談的時間和精力，才能把所有的才智、力量和膽識，凝聚成驚天動地的一聲霹靂，在市場上空久久回蕩。

重視社會投資

「產品的無價之寶是它本身的信用。」若想建立良好的信用，進行社會投資必不可少。

歸根究底，建立良好的經營信譽，本身就是社會投資問題。良好的信譽可以給人長期的信任感，這是千金難買的無形資產，它將為企業帶來無法估量的潛在效益，並進而以自己的形象影響社會。

企業必須以品質優秀的產品投入市場，博得社會公眾的信賴和喜愛，以樂觀向上的進取精神給人希望，推動社會的健康文明。

日本三菱公司經常採用贈送節日禮物和生日禮物的方式，給顧客送去溫馨的祝福。每年元旦，總經理親自來到節日禮物領取處，為顧客發放第一份禮物，並和顧客合影留念，讓真情在彼此之間流動。

為了建立自己的美好形象，許多成功的市場人士都不惜重金，捐款捐物，大做善事，以自己的義舉傳播美名，贏得社會公眾的尊重。

香港首富李嘉誠捐款 2,200 萬港幣，在自己的家鄉建了兩座現代化醫院，博得了廣泛的讚譽。他還向「孔子基金會」捐款 50 萬港幣，表達了他對傳統文化的深情厚誼。1998 年，有地方遭受特大洪水災害時，李嘉誠又慷慨解囊，捐出 5,000 萬港幣的巨資支援災區建設，贏得了舉國上下的尊重，美名傳遍世界。

李嘉誠的一個朋友曾經深刻地評價李嘉誠說：「有三樣東西對長江實業至關重要，它們是：名聲、名聲和名聲。」

正是因為李嘉誠極其看重「名聲」，才廣行義舉，在世人面前樹立自己的美好形象和長江實業的良好聲譽。

把成萬上億的巨資捐出去，不會心疼嗎？不要以為他們財大氣粗毫不

在乎，也不要以為他們同情心氾濫任意揮霍，他們才是真正的大智若愚，既為社會作了貢獻，又為自己贏來了好名聲和千金難買的信用。

重視社會投資，是每一個具有遠見的市場人士所念念不忘的，也是他們走向成功的必經之路。

莫以利小而不為

有些人無所不用其極地想要發大財，賣一件商品還嫌賺得少，恨不得把顧客荷包掏空才過癮，結果反而一虧再虧。

原因何在？敗就敗在？「貪」字上。

市場經營不可太貪，要有大智若愚的精神。「三分利吃利，七分利吃本」，說的就是這個意思。

在經營生意時，賺取三分利就應該心滿意足了，這樣才常常會有顧客光臨，利潤源源不斷；如果硬要賺足七分利，就會把所有的顧客嚇跑，不僅利潤再也得不到，最終還會把本錢全搭進去。要薄利多銷！最好裝得傻一點，再傻一點！

亞曼德‧漢默博士來到日本之後，因買鉛筆的偶然機會萌發了建一家鉛筆廠的構想。當時日本鉛筆稀缺，售價高達 26 美分，而在美國僅值 23 美分。

鉛筆廠建立了，按理說在這種供不應求的情況下，漢默博士應該物以稀為貴，定出比較高的價格，但恰好相反，他採取了出乎所有人預料的行動：他把當時價值 50 多美分的高級鉛筆一下子降到了 5 美分，這樣一來每支鉛筆的利潤就微乎其微了。

出人意料的是，鉛筆廠就憑這微不足道的利潤，居然在第一年獲利

250 萬美元，第二年幾乎又翻了一番，達到了 400 萬美元。進入第三個年頭，鉛筆廠的規模已急劇擴大，生產銷售了 1 億支鉛筆和 9,500 萬支鋼筆。

這就是「薄利多銷」的誘惑力，這就是「三分利吃利」的獨到魅力。漢默博士把鉛筆、鋼筆的生意做遍了全日本，並出口到韓國、伊朗、土耳其等國家，賺取了極為可觀的財富。

「三分利吃利」，撿的是芝麻，但積少成多也相當可觀；「七分利吃本」，一心想撿西瓜，卻因為實力不濟和形象不佳，連芝麻也撿不到。

薄利多銷，以「三分利」壓倒別人的「七分利」，展現出自己以誠為本的良好美德，搶占廣闊的市場，賺取可觀的利潤。

可口可樂公司之所以在 100 多年裡長盛不衰，不僅是因為品質優良，而且還因為一直堅持「取小利」的原則：一杯可樂只賺幾分錢的利潤，有時甚至還不到一分錢。價廉物美的優勢使可口可樂獨霸世界飲料市場，每年獲取數億美元的利潤，相當可觀。

莫因利小而不為。堅持薄利多銷的原則，可以在市場中更快地贏得消費者，化解市場風險，戰勝競爭對手，播美名於天下，獲巨利於眼前。

上屋抽梯

製造一種有利的環境，設置一種誘人的香餌，使對手有意無意地按照自己的安排，登「上屋」去。至此引誘的目的達到，對手已進入自己的圈套，第二步行動就是把「上屋」的「梯」一舉抽去，使對手無路可退，成為甕中之鱉；同時又可使對手的後續部隊無法增援，落入四面楚歌、任我擺布的絕地。

「上屋抽梯」的核心在於「誘逼」二字：誘是前奏，是逼的基礎；逼是目的，是收獲利益的毒辣殺招。可見，此計與「過河拆橋」有異曲同工之妙。

山雞鬥鳳凰

新北市某建築公司在建建案時，一直以國外進口的大理石為原料，成本居高不下，因此在國內尋求廉價替代品的任務就顯得十分急迫。機緣巧合下，他們發現了一家由農民企業家創立的大理石加工廠所生產的大理石符合條件，因此雙方都有意合作，進行談判。

在談判中，相較之下規模較大的建築公司自視甚高，把大理石加工廠當作鄉巴佬看待，報出很低的價錢，並聲明貨款要三個月之內才能付清。

大理石加工廠爽快地答應了。大理石加工廠的原料就來自於附近的山上，成本相當低廉，即使低價出售，仍有利可圖。

三個月後，大理石加工廠的彭廠長拿著寫有「三個月之內付清全部貨款」的購銷合約找到建築公司催帳。建築公司因為是貸款建屋，帳上的錢已經用得差不多了，便跟彭廠長商量緩期還款。誰知彭廠長絲毫不讓步，

非要當天償還，否則在法庭上見。

建築公司剛開始以為彭廠長只是說說而已，誰知第二天大理石加工廠就委託律師過來「協商」了。拿不出錢還，一旦鬧上法庭會讓建築公司的名聲受損，業務必定受到打擊。建築公司的負責人急了，連忙敢赴大理石廠，請彭廠長「通融通融」。

彭廠長見火候已到，提出了一個條件，以貨款作為入股該建築公司的條件。建築公司的負責人不敢表態，回公司後召開會議，在權衡再三之後，不得不將20%的股份拱手相讓。

大理石加工廠早就圖謀在當紅的建築業中分一杯羹，也料定該建築公司三個月後兌現不了合約，因此以低價銷售大理石為「梯」，使建築公司登「上屋」去，在以「抽梯」做威脅的條件下，建築公司不得不答應了讓對方入股的要求。大理石加工廠的成功不外乎緊緊抓住了「誘逼」二字，低價引誘在前，逼其接受條件在後，環環相扣，融為一體。

在市場競爭中，尤其是在談判中，此誘逼對手之計被運用得淋漓盡致。誰抓住了這個核心所在，誰就能更勝一籌，舉手之間戰勝對手。

美國有一家大航空公司計劃籌建航空站，但電力公司居高不下的電價勢必會大大增加建設費用，於是派出代表跟電力公司談判，要求以優惠的價格支付電費。電力公司豈肯把握在手中的利潤白白讓出，堅決拒絕。

航空公司大怒，向電力公司發出最後通牒，如果不答應自己的條件，將不再使用電力公司的電，而決心自建發電廠。

這下電力公司急了，若失去航空公司這一大客戶，電力公司將損失一筆極大收入。優惠電價與這筆巨大收入相比，可有天壤之別，豈能為了芝麻丟了西瓜呢？於是，電力公司急忙找上門來，好言勸慰，答應了航空公司全部的要求。

這裡，航空公司的這筆巨額用電費用是「梯」，在航空公司沒有「抽」去之前，電力公司心安理得地享用；一旦面臨「抽梯」的危機，電力公司就感受到收入急遽減少的困境，巨大的壓力迫使他們不能不讓步。

掌握了「誘逼」二字，也就掌握了上屋抽梯、過河拆橋的精髓，就可以在市場競爭中令強敵俯首，讓競爭對手按著自己的安排走。

誘餌要素

日本企業家系山最先經營的是高爾夫球場。眾所周知，如果球場位置好，地形條件好，顧客就多，也就容易獲利。但擁有這種土地的賣家往往很難打交道，收購費也高。反之，條件不好，則容易收購，收購費用也低，但顧客少，經營不易獲利。

因此，高爾夫球場經營的好壞，很大程度上取決於如何和賣家打交道，收購土地。

系山在這上面煞費心機，也經歷過多番較量，深知其中奧祕。

一次，許多人都看中了一塊地，系山也是其中一個。這塊地足夠開設一個高爾夫球場，市價約為 2 億日元，系山決定要以更低的價格將這塊地買到手。

首先他到處揚言對此地頗為青睞。很快，賣方的經紀人便找上門來，一見系山彷彿是一個不懂行的紈綺子弟，便存心好好地敲一筆，出口開價便是 5 億日元。

系山將計就計，聲稱價格合理，裝出有很強的購買意願。

這下使得經紀人欣喜若狂，立即跑到賣方那裡，和賣方簽訂了代理契約，並把系山的情況如實地描述了一遍。

賣方也十分高興，覺得有了系山這個冤大頭，就可大占便宜，於是就把其他有意買地的人一概回絕了。

此後，經紀人多次找系山簽約買地，但系山要不就不知所蹤，不然就是藉口拖延。

一連幾次這樣，經紀人沉不住氣了，只得求系山購買。

系山知道火候到了，便歷數那塊地的缺點，證明自己是內行的，那塊地也不是價值 5 億日元的好貨。

於是雙方一番討價還價，經紀人哪裡擋得住系山凌厲的攻勢，只好步步退卻，最後亮出底價 2 億日元。

但系山並不罷休，他說：「如果市場價是 2 億日元，我就出 2 億日元買下的話，我又何必費這麼多工夫呢？而且別人也會嘲笑我。」

經紀人黔驢技窮了，只好去和賣方如實訴說。賣方則更傷腦筋，因為他已經到處揚言：「系山已經買了我的地。」

如果現在系山不買了，重新找顧客談何容易，再回去找原先已回絕的顧客，一會被他們譏笑，二還會被大殺其價，可能結局會更糟。

最後賣方無可奈何地對系山說：「既然如此，你開個價吧！」

系山出價 1.5 億日元，事到如今，賣方也只得忍痛成交。

人在商場，我們既要學會系山的精明，也要避免犯經紀人和賣方的錯誤。

下手要狠

「上屋抽梯」之計極端地表現了使用者為了追逐既得利益，欲置對方於死地的「黑」心腸，一旦實施成功，往往令對手走投無路。

　　約瑟‧赫尚是買賣股票的高手，他由此發家，由一個一貧如洗的窮小子一躍成為億萬富翁，令世人驚羨不已。

　　他是一個猶太人，具有猶太人經商的天賦，6 歲那年隨著父母遷入美國，在貧民區長大，飽受貧窮的煎熬。14 歲他進入紐約證券交易市場，從此開始了他傳奇般的發財生涯。

　　他買賣股票的唯一訣竅就是以極低的價錢買進被人們普遍不看好的股票，然後伺機製造有關該公司脫胎換骨、即將迅猛發展的諸多好消息，在這美麗的誘餌面前，不明真相的人們爭相購買，股價扶搖直上。這時他果斷地抽身而退，把自己持有的股票悉數拋出。等一擁而上的跟風者發現上當，為時已晚。「上屋」的「梯」已被「抽」去，只能眼睜睜地看著股價逐日下跌，落得虧損累累的下場。

　　如今，赫尚的炒股祕訣已經在證券市場大為流行，這個絕招被那些有實力的機構和大戶發揮得淋漓盡致，令許多不明真相的中小散戶屢屢上當，屢屢吃虧。

　　那些所謂的好消息就是誘人上當的香餌，一旦中小散戶在這香餌的引誘下頭腦發昏地「登」上風雲飄搖、危機四伏的高股價的「房」上去，才發現「上屋」的「梯」不知何時已被「抽」走，狠辣的套殺就開始了，中小散戶只能叫苦連天，眼看自己的血汗錢付之東流。

　　這裡的誘餌是極香的，那些迷人的好消息為人們描繪出一幅燦爛的發財美景；這裡的殺手同樣是極其毒辣的，股價在一天之間會一瀉千里，讓人目瞪口呆，肝膽俱裂。

　　赫尚就是用這個辦法，在他 30 歲那年，就為自己賺到了 400 萬美元。他明智地功成身退，幾天之後，股市暴跌的厄運就降臨在那些暈頭轉向的人們身上。

上屋抽梯

　　赫尚同樣被嚇得冷汗直冒，他一口氣跑到了加拿大，不敢回頭看一看那些在「上屋抽梯」中陷入困境的人們的可憐相。最後，他在多倫多開辦了赫尚公司，開始投資礦業。

　　在證券市場跌打滾爬十幾年的成功經驗使他如虎添翼，「上屋抽梯」妙計迭出，同樣使他的荷包在一天天地膨脹。

　　岡那爾金礦是拉班兄弟倆開採中的，金子都還沒挖到，資金不足卻成了大問題，股價極其低廉。赫尚以每股 0.2 美元的低價一口氣買了 60 萬股。過了幾個月，金子挖出來了，岡那爾金礦的股票也上市了，不到三個月，股價狂升至 2.5 美元。赫尚看到人們瘋狂地搶購這支股票，而自己已有十餘倍的暴利，「抽梯」的時機到了，於是他開始悄悄出貨。等他全身而退、淨賺 100 餘萬美元的時候，該公司的股票開始暴跌，中小散戶在無「梯」可下的困境中，眼睜睜地看著股價跌至 0.9 美元。

　　他又如法炮製，連使「上屋抽梯」妙計。他以 2 美分買進大量的普林斯頓公司股票，然後製造該公司挖出金礦的特大新聞，致使股價在短時間內暴漲 100 餘倍，他以超過 2 美元的價格全身而退，同樣獲得了豐厚的回報，然後得意洋洋地看著瘋狂搶購該股票的人們哭天嗆地。

　　只過了短短幾年，「上屋抽梯」就讓他獲得了 800 多萬美元，他終於如願以償地擠進千萬富翁的行列。

　　更驚人之舉還在後頭。當有位化學家踏破鐵鞋在阿薩巴斯卡盆地發現鈾礦之後，許多人草率地認為鈾的含量微不足道，不願進行投資。赫尚經過認真分析，覺得這項投資雖有一定風險，但絕對是一本萬利的暴利，因此他獨具慧眼地決定投資。

　　非常幸運的是，他僅投入了 3 萬美元，就鑽探出了高品質的鈾礦。於是阿薩巴斯卡盆地沸騰了，一時間機器轟鳴，高品質的鈾被源源不斷地開

採出來。赫尚公司的股票也上市了，上市之初就受到投資者的熱烈追捧，股價一漲再漲。

赫尚見好就收，再次使出拿手傑作「上屋抽梯」。他終於成了世界聞名的億萬富翁，財產多得連自己都心驚不已，不知道怎麼樣來打發這大把大把無法花完的錢。

在證券市場上，「上屋抽梯」是如此的立竿見影，難怪會大行其道。在那些證卷機構和大戶別有用心地拋出誘餌之後，隨後的毒辣殺手就會接踵而至，中小投資者不可不防。

不是你吃人，就是人吃你。在你死我活的市場競爭中，掌握此計，會讓我們多一份收益，也會多一份警覺。

慎抽功臣的「梯」

「上屋抽梯」還有一種含義，就是一旦成功之後，對有功之臣或放逐，或殺戮，使功臣不至於居功自傲，不可一世，甚至功高震主，對自己的地位和威望形成有力的威脅。

歷史上這樣的事例不勝枚舉，開國皇帝濫殺功臣幾乎已經成了一種傳統，以至於留下了「飛鳥盡，良弓藏，狡兔死，走狗烹」的千古感慨，讓無數志存高遠的忠臣義士不寒而慄。

市場風雲變幻莫測，市場上的爭霸也如同改朝換代一般，匆匆如過眼雲煙。對待功臣的問題也同樣嚴峻地擺在每一個市場成功者的面前，如果處置不慎，同樣會造成極惡劣的影響，為自己的事業帶來不可估量的損失。

上屋抽梯，過河拆橋，一旦本企業在市場競爭中站穩了腳跟，就把有

功之臣一腳踢開，這種做法是極其粗暴的，也是極不合適的，手握實權的決策人物在這時一定要頭腦清醒，謹慎處置。

在這方面同樣有慘痛的教訓值得我們永遠深思。美國福特汽車公司三起三落，跌宕起伏，其中的成敗關鍵首推對待功臣的措施。

亨利·福特於 1903 年創立福特汽車公司，總經理詹姆斯才能卓越，福特 T 型車在汽車市場縱橫馳騁，所向無敵，到 1919 年已吞併了同行業的其他公司，獨霸了汽車市場。

福特成為億萬富翁後，變得獨斷專行，剛愎自用，致使一大批身懷絕技的人才紛紛遠去，頭號功臣詹姆斯也不能為福特所容，只得含恨離去。從此，福特汽車公司江河日下，在競爭對手咄咄逼人的攻勢面前一敗再敗，市場占有率跌到了 1940 年的 18.9%，可謂是慘不忍睹。

年輕的福特二世受命於危難之際，於 1943 年接過爺爺手中的大權，成為福特公司的新總裁。面對百廢待興、一片混亂的場面，福特二世從通用汽車公司請來一個奇才歐內斯特·布里奇。1946 年，布里奇走馬上任，進行大刀闊斧的改革，當年度就使公司扭虧為盈。豪華的「野馬」牌汽車研製成功，投入市場，供不應求，銷售奇才艾科卡屢出妙招，在世界掀起了「野馬」旋風，第一年銷售量就高達 41.9 萬輛，在隨後的幾年裡，公司以驚人的速度，神奇般地再度崛起。

福特二世功成名就，就開始重犯爺爺的老毛病，於 1960 年一腳踢開了頭號功臣布里奇，致使一大批為公司立下汗馬功勞的人才紛紛離去。而艾科卡在擔任經理，為公司賺取大量利潤之後，於 1978 年也被福特二世粗暴地解僱。

福特公司重新步入老福特時的老路，江河日下，一瀉千里，到 1981 年，市場占有率竟創出了歷史最低紀錄，僅有 16.6%。

福特二世無計可施，於 1980 年 3 月將公司轉讓給管理專家菲利浦‧考德威爾。江山易主，持續了 77 年之久的「福特王朝」宣告結束。1982 年，福特二世正式退休，從此，福特家族僅僅擁有這家公司的 40％的股權，再也不是老闆了，也不再是這家公司的職員。

考德威爾大展雄風，再次使這家公司煥發了生機，市場占有率僅次於通用汽車公司，又一次在汽車市場上神奇般地崛起。

這波瀾壯闊的三起三伏，是對濫「殺」功臣後果的最後描繪。功臣功勳卓著，聲名顯赫，在本公司中處於舉足輕重的地位，一舉一動都會產生極深遠的影響，只要處置稍有不慎，其後果將令人慘不忍睹。

歷史上濫殺功臣的皇帝全部背上了千古罵名，福特王朝的沒落也與一腳踢開功臣息息相關，這其中的教訓還不深刻嗎？

當然，功臣常有居功自傲的不良傾向，有的甚至還功高震主，公然與老闆分庭抗禮，造成本公司的不團結，以至於嚴重影響公司的正常發展。若是不得不採取斷然措施果斷處置的，在處置時也一定要三思而行，做到有理有據，把由此造成的震動減低到最小程度。

日本伊藤洋華堂在引進了飲食業奇才岸信一雄之後，公司業務飛速發展，尤其是食品部門，在岸信一雄的卓越領導下，在短短 10 年間，業績爆增數十倍，讓業內人士刮目相看。

岸信一雄如此戰功卓著，董事長伊藤雅俊卻把他解僱了。原來伊藤氏的經營方針以傳統方式為主，強調顧客至上，要求企業以嚴密的組織來確保經營的順利進行；而岸信一雄則粗獷豪邁，對部下較為放任，注重向外開拓市場。雙方的分歧越積越深，終於鬧得勢同水火。岸信一雄有自己的業績做後盾，對伊藤的指責不屑一顧，儼然成了伊藤洋華堂中的「獨立王國」。

伊藤說：「紀律和秩序是我的企業的生命，不守紀律的人一定要處以重罰，即使會因此減低戰鬥力也在所不惜。」

儘管有充足的理由支持伊藤這麼做，但他還是遭到了空前的責難。由此可知，在對待功臣的問題上一定要慎之又慎，否則由此引起的震動很可能會動搖了本企業的基石，甚至毀滅了本企業。

功臣作為你登上成功之「屋」極其重要的「梯」，一定要多加珍惜，妥善保護，千萬不可忘乎所以，一腳踢開，把自己陷入無「梯」可下、無路可走的困境。

歷史的教訓就擺在面前，拿功臣開刀有百害而無一利。儘管有時不得不採取不得已的措施加以處置，但在處置之前一定要反覆權衡，既要避免引起過大的震動，又要提前找好足以頂替這個位置的良才，以免「抽」去這個「梯」之後，造成自己無「梯」可下的被動局面。

在處置功臣的過程中，一定要做到不急不躁、先禮後兵。先好言勸慰，百般勸解，以名譽、地位、利益、友誼等方式多方開導，做到仁至義盡，直到確認這個「梯」確已無法為我所用，才斷然「抽去」，這樣能避免世人非議，穩定本企業的安定局面。

「上屋抽梯」在使用時一定要全盤考量，務求穩操勝券，萬不可草率莽撞。一時失利事小，背上一世惡名事大。

樹上開花

樹上的花朵借助枝條的走勢而開出令人眼花繚亂的氣勢，生意人也可借助外界的局勢而布成有利的陣局。縱然自己的兵力弱小，也可以因此而顯示出強大的陣容，並做出非凡的大事。

外人眼裡平凡的幾步棋，被高明的生意人隨意地布了下來，時間一長，那些鬆散的棋子竟形成一個大氣的陣勢。

用 10 年開出的花

堤義明的父親堤康次郎是日本商界的一代梟雄，他把龐大的西武集團交給了次子堤義明，卻沒有交給長子堤清二。

堤康次郎生前風流成性，僅公開的妻子就有三個，合法的子女就有 7 個，至於那些不為世人所知的情婦和子女，就很難搞清楚了。在這些子女中，以長子堤清二最為精明幹練，曾成功地使西武百貨公司從倒閉的邊緣起死回生，因此堤康次郎沒有選擇堤清二做繼承人很是出乎人們的預料，同時也使堤清二深感不滿。

堤義明守著龐大的家業，忍受住一次又一次建功立業的衝動。而堤清二就不同了，他苦心經營西武百貨公司，大舉借貸，不斷擴張，他要用事實向世人證明父親的臨終選擇是錯誤的。

堤清二咄咄逼人的攻勢讓堤義明時時坐臥不安，他不能再優柔寡斷了，堤清二以十分危險的擴張方式危及到了西武集團的前途，如果任其發展下去，必將拖累整個家族企業，使父親創下的龐大基業毀於一旦。

前思後想，堤義明果斷地採取分家的大規模行動：將西武百貨公司、西

武化學公司合併成西武流通集團,交給哥哥堤清二經營,把其餘的企業合併成西武鐵道集團,歸自己統轄。這樣一來,堤清二的西武流通集團一旦出現什麼危險,也不致拖累整個家族企業全軍覆沒,同時也消除哥哥在集團內部對自己構成的強大壓力。這樣,西武企業集團的枝上開了兩朵「花」。

僅僅過了一年,西武流通集團就遭到了毀滅性的打擊。當國際經濟陷入蕭條時期,堤清二使盡渾身解數,也無力回天。

堤義明不計前嫌,從自己的西武鐵道集團中撥出一筆驚人的鉅款,幫堤清二擺脫了困境。堤清二感激涕零,從此兄弟二人和睦相處,共謀企業發展的大計。

與此同時,堤義明以他極為寬厚的胸懷,巧妙地安置了自己的兄弟姐妹。他又不遺餘力地對父親留下的那些非正式子女一一進行了補償。在剪不斷、理還亂的複雜家務糾紛中,他以自己的信義和明智做出了非常圓滿的解決,博得了家族內外的一致讚譽。

他在 10 年中沒有自作主張,進行任何專案的投資,而把絕大部分精力用於平息家族內部紛爭,終於把這個龐大的家族如繁花般簇擁在自己周圍,贏得了上上下下一致的尊敬。

由於他一直採用守勢,因此幾次經濟災難對他影響甚微,西武集團強大的勢力為他 10 年後轉守為攻提供了堅實的基礎。

經過反覆論證,堤義明決定一鳴驚人,他在輕井澤旅遊區購置了大片土地,投入資金興建了輕井澤王子飯店及輕井澤高爾夫球場、網球場、滑雪場等娛樂場所,設備齊全,吸引了廣大遊客,使這個一向冷冷清清的地方頓時熱鬧起來。

他乘勝追擊,又開辦了好幾個高山滑雪場,興建了多個王子飯店,成立了西武獅王棒球隊……每次出擊都獲得了空前的勝利,西武企業集團在

他這個舵手的正確指引下，不斷開創新的天地，不斷創造新的輝煌，直至成為世界首富。

堤義明韜光養晦，用 10 年的時間讓一盤散沙的家人終於聚成一股力量，一種氣勢，為他 10 年後的出擊養精蓄銳，創造了不可缺少的條件。

你的員工也是你的「花」

如果把企業比成一棵樹，員工就是能結果的花。不同的是，同棵樹上的花長相相似，而企業的「花」卻各不相同。

關於「勤勞的員工是公司的財富」這個大問題，需要把調動員工的積極性放在重要的位置上。賞罰分明是激勵員工的重要措施之一，除此之外，還包括金錢、友誼、尊重、工作條件、令人感興趣的工作內容等等。

作為公司領導階層，一定要高度重視自己的表率作用，要以良好的言行舉止影響員工。

玫琳凱‧艾施是美國玫琳凱化妝品公司創辦人兼董事長，她總是在下班前整理好辦公桌，並將當天應該完成卻由於各種原因未能完成的工作帶回家去完成。她的祕書們也全部學著她的樣子做了，儘管她並沒有要求他們這麼做。

美國「鋼鐵大王」卡內基對此也深有同感。有一次他上班穿了休閒裝，結果男職員們紛紛仿效，不再穿西裝了。於是他馬上換回了西裝，男職員們也把西裝又穿回了身上。

公司領導人的一言一行都能在員工心上留下深深的烙印，這遠比針對某些人的獎懲影響面更廣，所以身為公司領導階層，萬萬不可忽視自己的言行舉止。

對員工抱持極其尊重的態度，才能使員工的身心處在極其放鬆的狀態，員工的創造才能才能極大地發揮出來。

國際商業機器公司實行一種極為開明的「門戶開放政策」，總經理辦公室一直敞開大門，隨時歡迎員工踏進門來，提出自己的想法。

日本松下公司全力培養員工的「松下精神」，把員工塑造成工業報國、光明正大、團結一致、奮鬥向上、禮貌謙虛、適應形勢、知恩圖報的「松下人」。松下公司在日本率先實行「五天工作制」，推出高福利政策，建立「松下紀念館」，把對員工的尊重落到了實處。松下公司成了員工們「既愉快又能賺錢的場所」，極大地調動了每一個員工的工作積極性，為公司創造了巨額財富。

為員工創造成功的機會，讓員工時時刻刻有明確的奮鬥目標，同樣能極大地激勵員工的工作熱情。

丸正食品連鎖店總經理飯塚正兵衛以「人人有店，就會賣力工作」為口號，實行「分號制度」，只要員工賣力工作，該店就出資讓這名員工開設一家分店。結果，連鎖店的規模越來越大，員工的工作熱情越來越高，因為他們深信，只要他們努力工作，他就完全有可能成為老闆。

由於人的需求各式各樣豐富多彩，公司領導就要時刻關注員工的心理變化，拿出恰當的措施，來滿足他們的需求，激發他們的創造熱情，使公司真正變成「既愉快又賺錢的場所」。

日本電通公司董事長吉田秀雄曾反覆說過：「任何企業若想有一番作為，首先必須注意的就是善用人才。假使人才經營得當，企業就能正常運作，獲利率就會相對提高。」

吉田秀雄不管在何時何地都不忘要招攬人才，有些性格上有弱點的人，有些平時有一些特別癖好的人，他都能毫不在意地招攬到自己手下，

只要他們確實具有真才實幹。

有些企業的領導人對人才的理解有誤，錯誤地認為學識過人者就是人才，硬把他們放到不合適的職位上去，造成了人才的浪費，嚴重地影響了工作效率。

因此，對人才必須有正確的理解，並非所有的優秀者都是人才，只要在某一特殊領域和某一特別技能上能獨當一面，就毫無疑問地應該當作人才看待。

洛克希德公司總裁霍華‧休斯就非常善於識別人才，並能夠恰如其分地重用人才。大學畢業生帕瑪剛到公司工作不久，休斯就慧眼識人才，讓他擔任了公司獨挑大樑的飛機設計師。帕瑪果然不負眾望，在重要的工作職位上做出了非凡的成績。

新力公司董事長盛田昭夫不僅在招攬人才上下工夫，而且還透過別出心裁的辦法鼓勵公司內部人才流動：在每週出版的公司小報上，各下屬單位可自由刊登「徵人廣告」，公司職員可以自由應徵，任何人無權進行干預，從而為人才施展身手提供了廣闊的舞臺。

「千里難尋是良才」，「千軍易得，一將難求」，這些話都描述了求才的艱難。其實，求才不易，正確地使用人才更難。有些企業雖重金請來人才，但卻不能把人才安置在合理的位置上；有些企業雖然對人才極為看重，並且也安排了合適的位置，但卻不能給予他們足夠的信任，時時橫加干預，處處掣肘，阻礙了人才大顯身手的機會。

對人才正確的使用原則是八個大字：「知人善任，擇人任勢」。

知人善任，就是挑選合適的人才去負責與他們才能相符的工作，讓他們的才能都得到最大限度的發揮。

擇人任勢，就是針對不同的工作和不同的市場狀況，分別有針對性地

選擇能足以勝任的人才來承擔。

　　「知人善任」是從人才的角度去考慮其恰當的工作和位置，「擇人任勢」是從工作的角度去考慮安排出色的人才。這是人才使用的兩個基本原則，要把它們放在一起全盤考慮，使人才和工作相互密切地結合成一體，才能發揮出人才的威力。

　　巴斯夫公司在這方面做得相當出色：每一個初來乍到的員工都要受到多名高階經理的接待，他們的才能都被了解得一清二楚，然後再被推薦到各個合適的職位上任職。透過論功行賞，激發員工們的創造才能。也要不斷地改善員工的工作環境和安全設施，為他們施展才能提供了舒適的條件。公司高階管理人員透過各種方式對他們進行考核，和他們進行接觸，從中進一步發現他們的才幹，更合適地給予任用。

　　你的員工就是能為你結果的「花」。

反客為主

當形勢非常被動時，若想徹底扭轉這一局面，需要韜光養晦，以積蓄力量，伺機而起，將「主人」拉下馬取而代之。

反客為主，化被動為主動，這中間的變化是極其深刻的，在古往今來的政治鬥爭、軍事鬥爭中，不少胸懷大志和野心勃勃的人，施展計謀，玩弄手腕，在歷史上展現了驚心動魄的一幕。在今天的市場競爭中，「反客為主」同樣被施展得眼光繚亂，讓一些野心勃勃而又深藏不露的市場人士透過一連串高明的競爭手段，取得市場中的主宰地位。

「到月球上探險」的漢默

在「暗度陳倉」一章中介紹過的美國著名企業家，億萬富翁阿曼法‧漢默成功地在美國的「死對頭」蘇聯建立起自己的商業王國，實際上他也是施展了反客為主的高招。

在他踏入陌生的蘇聯土地時，當他涉足陌生的經營領域時，最初他都是以從屬、被動的面目出現，但經過高明的運作，他都先後成功地實現了「反客為主」，在他涉足的領域掌握了主動權，從而呼風喚雨，為所欲為，滾滾財富進到了他的口袋。

漢默具有天生的經商才能，18 歲那年他已成為大學生中第一個百萬富翁。1921 年，漢默僅僅 23 歲，他以罕見的膽識組織了一個流動醫院，帶領大批醫療器械和藥品，浩浩蕩蕩地向蘇聯進發。

這一舉動在當時的美國可謂驚天動地，許多人諷刺挖苦他，說他無異於是「到月球上探險」，但他義無反顧。

反客為主

　　當時的蘇聯剛剛建立起蘇維埃政權，對資本主義國家來的富翁懷有高度戒備之心。漢默遠來是「客」，他主動把自己帶來的價值 10 萬美元的醫療設備無償捐贈給主人，用於拯救飽受瘟疫折磨的蘇聯人民，贏得了主人的好感。

　　當時饑荒在蘇聯大地橫行，餓殍遍野，漢默機智地抓住這一個機會，從美國買來價值 100 萬美元的小麥，賒銷給主人。他的這一舉動使他在蘇聯紅極一時，列寧親自接見了他，對他的所作所為給予了高度讚揚，並給予了他在蘇聯從事工商業的特許權，為他將來大顯身手提供了便利。

　　他終於在蘇聯掌握了主動權，蘇聯那無法估算的自然資源慷慨地展現在他面前，任由他隨意開採，滾滾財富不斷湧來。

　　他成功地說服福特汽車公司向蘇聯出口拖拉機，他促成了美國 30 餘家公司與蘇聯的生意，他成為美國一些著名公司如福特汽車公司、橡膠公司等駐蘇聯的代表，受到東西方的歡迎，從中為自己賺取了可觀的財富。

　　他在蘇聯成功地開設了鉛筆廠，解決了蘇聯鉛筆稀缺的現狀，投入生產的第一年就淨賺 100 萬美元。

　　他把在蘇聯收購的古董和藝術品運到美國舉行展覽，盛況空前，在聖路易斯展銷的第一個星期，平均每天有 2,000 餘人光顧，門票收入高達幾十萬美元。這對當時處於經濟大蕭條中的美國來說，不能不說是一個奇蹟。

　　他在蘇聯成功的「反客為主」，完全掌握了經營的主動權，他隨心所欲地進行各項投資，所賺取的財富讓世人目瞪口呆。

　　說他是雄心壯志也好，說他是野心勃勃也罷，總之，他成功了，賺了大錢，而且還贏得了東西方一致的讚譽，這確實是難得。

　　在隨後的商業生涯中，漢默又神奇地使用「反客為主」，先後涉足釀

酒、畜牧、石油等領域,全都極其成功地掌握了經營的主動權,屢戰屢勝,財源不斷。

用實力說話

與競爭對手的較量說到底還是實力的較量,「反客為主」的最終攤牌,也必須用實力來說話。因為只有實力,才是決定性的因素。

在處於被動局面和附屬地位的時候,要不動聲色地發展自己的力量,當自己的實力足以戰勝對手時,再憑藉強大的實力,給予對手毀滅性的一擊,從而把主宰者的地位爭奪到手。

赫赫有名的美國肯德基曾先後兩次進軍香港,前一次鎩羽而歸,後一次卻大獲全勝。兩次進軍兩次不同的結果,究其原因,對香港文化環境的熟悉程度是主要因素之一,而實力強大與否卻是一個關鍵因素。

1973 年肯德基第一次踏上香港的土地,到了 1974 年就發展成 11 家分店,但到了 1975 年卻全部停止營業,該公司董事宣稱,這是由於租金支付困難造成的,但其內在原因卻頗值得深究。

肯德基失利的主要原因是對香港的環境與文化缺乏深層次的了解,而完全照搬美國式的經營模式。廣告詞採用「好吃到舔手指」,讓香港人很是費解;店內不設座位,這是按照美國人買了速食回家吃的習慣,而香港人則喜歡坐在餐廳裡邊吃邊聊。諸如此類的不隨俗,自然讓香港人對它失去了興趣。

肯德基雖說規模已非同凡響,但和香港龐大的飲食行業相比,其實力仍是小巫見大巫。既引起不了香港人的興趣,又無足夠的實力來支撐店面,自然要全軍覆沒了。

反客為主

　　到了 1985 年，肯德基決定在香港東山再起。在這之前，肯德基花費了大量的精力，在泰國、馬來西亞、菲律賓、新加坡等亞洲國家站穩了腳跟，對亞洲人的風俗習慣有了充足的了解，自己的實力也有了長足的發展，這才決定在香港捲土重來。

　　在開店營業之前，肯德基對市場進行了慎重的調查，確認了自己的目標市場，把自己定位於高級餐廳與自助速食店，把對象顧客定位於 16～39 歲之間。在食品項目和價格上，也都反覆權衡，針對香港的環境文化，做到有的放矢。在廣告上，把原先令人費解的「好吃到舔手指」改為香港人易於接受的「甘香鮮美好口味」。

　　由於有前車之鑑，肯德基異常重視自己的行銷策略，專門對顧客做了問卷調查，根據他們的回饋意見，重新進行改進。

　　由於這次進軍香港充分考察了當地的環境與文化，所以肯德基終於在香港立住了腳，受到了香港人的歡迎。由於肯德基這時的實力更為強大，雖說本地食品業已在香港經營多年，占領了穩固的地盤，但肯德基用實力說話，充分掌握了主動權，硬是從他們手中奪得一塊屬於自己的地盤，形成了三足鼎立、群雄爭霸的局面。

　　可見，「用實力說話」絕不意味著硬拚。在壯大自己的實力時，要韜光養晦不動聲色；當到了憑藉實力決定勝負的關鍵時刻，更要充分考量對方的特徵，完全了解市場的情況，才能有針對性地採取正確的措施，取得「反客為主」的成功。

時刻想當行業霸主

　　拿破崙有句名言，叫做：「不想當元帥的士兵不是好士兵。」從這句名言中，我們引申出一句適用於市場競爭的名言：「不想當霸主的商人不是好商人。」

　　這句名言意在告誡大家，在市場競爭中不管處境多麼險惡，局面多麼被動，力量多麼弱小，都要有頑強的進取心，都要有在市場中稱王稱霸的遠大目標。只有胸懷這樣的遠大目標，才能勇往直前，抓住一切有利時機，施展「反客為主」，並最終達到雄霸市場、呼風喚雨的理想境界。

　　如果你現在僅是一個小商人，還在做著小本生意，那麼整天這樣四處去講，勢必會招人譏笑，好聽的說你「眼高手低」，難聽的則要罵你「癩蛤蟆想吃天鵝肉」。

　　如果你真有這樣的胸襟，並在一絲不苟地付諸實踐，那麼總有一天你會達到「反客為主」的目標。如果把說話、吹牛的時間都用於研究生意中，那麼你距離成功會更近一點。

　　「眼高手低」之類的話不要往心裡去，只要你明白這樣一個道理就行了：眼高的人手未必低，但眼低的人手一定不會高。也就是說，胸懷大志者未必個個成功，但胸無大志者卻注定碌碌終生，一事無成。

　　說到市場中的霸主，通常會讓人想起洛克斐勒式的市場大鱷。其實我們大可不必如此囂張霸道，事實上當今的經營環境也不允許我們如此橫行無忌。

　　永久性的壟斷市場誰也無法做到，只有先人一步，創出新路，用新產品打開新的領域，才能讓你在市場上處於領先地位，雄霸一時。這種有利地位會為你帶來巨額財富是肯定的，而巨額的收入又會有助於你更進一步

地鞏固領先地位。如此良性循環,「霸主」的地位也就可以確立了。

香港大名鼎鼎的「船王」包玉剛就是透過這種方式,奠定了他在香港市場上的霸主地位。

1950 年代,包玉剛獨具慧眼,斷定航運業在香港大有前途。當時他對船運還一無所知,是個地道的「旱鴨子」,但他做事歷來雷厲風行,憑著一條舊船,毅然下水。僅僅用了兩年時間,他就擁有了 7 條船,組建了一支小規模的船隊。初戰告捷,他並不滿足,力求進一步擴大戰果。

到了 1967 年,中東的石油產量急劇增加,石油航運成了船運的熱門業務,包玉剛當機立斷,向日本造船廠訂購了數艘 10 萬噸的超級油輪,搶在香港及東南亞船隊前面,闖入石油航運領域,獲得了驚人的利潤。

短短幾年,他的超級油輪就發展到了 57 艘,載重量為 960 萬噸,幾乎占據了世界油輪總載重量的一半,成為名副其實的「海上霸主」。

包玉剛成功地「反客為主」,從對世界航運一無所知到稱王稱霸,完全是因為他獨具慧眼,抓住時機,搶在別人前面,把發財的新路開拓了出來。

之後,他果斷地轉移陣地,先實施「船王登陸」,投資房地產;然後實施「船王飛天」,闖入航空業。由於有了稱霸海上時打下的牢固基礎,他搶灘登陸,一飛衝天,都先後取得了巨大的成功,進一步鞏固了他在香港市場上的「霸主」地位,成為香港具有舉足輕重的影響力的實權人物,令人羨慕敬佩不已。

向霸主地位衝鋒的道路是極其坎坷的,只有不畏艱險,胸懷大志,勇於攀登,才終有功成名就的一天。

在這個漫長的旅途中,不能存在絲毫的僥倖心理,也不能有絲毫的懈怠。當你陷入困境無力自救的時候,請不要心灰意冷,想想本節開頭的那

句名言「不想當霸主的商人不是好商人。」增強自己的信心，等自己的心態恢復正常，再開動腦筋，另謀良策。

不要以為包玉剛等人的成功是運氣太好，不要埋怨自己運氣太差，其實市場廣闊無邊，時時刻刻都在為我們提供成功的機會，讓每一個胸懷大志者一試身手。

提防你的「客」

對於人才，什麼時候讓他出來貢獻其聰明才幹，什麼時候棄之不用，其中大有學問，是用人之術的關鍵。

如果在該取的時候捨了，不用其才，統禦者自然會倍感力量單薄，難成大業；如果在理當捨棄時卻存著婦人之仁，就會引火焚身，自取滅亡。

「成也蕭何，敗也蕭何」。在中國的歷史上，能把「取」和「捨」結合得非常完美的，要算劉邦的相國蕭何。蕭何選擇韓信即為典型一例　　是蕭何向劉邦極力舉薦了韓信，並演出一幕「蕭何月夜追韓信」的戲來；同時，又是蕭何設計，騙韓信鑽入呂后的圈套，用謀反罪名就把一代名將殺了。

「楚漢相爭」之初，漢王劉邦總是敵不過西楚霸王項羽，老是打敗仗。蕭何便獻計，請他多方招攬人才，以壯大自己的力量。於是，即使是項羽的降卒叛將，劉邦也照收不誤，還四處搜羅天下賢才，如張良、陳平等人。

但是，劉邦一直擔憂找不到一位好將才，這時蕭何就向他推薦了韓信，並說他有大將之才。劉邦一聽，也不怎麼在意，就讓這個曾受「胯下之辱」的青年當了一個小校尉。滿腹文韜武略的韓信原以為有蕭何的舉薦

就會受到劉邦的重用，哪知劉邦根本瞧不起自己，只當這麼個小校尉實在難以令人滿意。於是，他在夜裡便一個人偷偷地騎著馬逃跑了。

蕭何聽說韓信因為受到怠慢就負氣潛逃的消息後，便顧不得告訴劉邦，一個人策馬前去追趕韓信。月夜裡，蕭何一番窮追苦趕，終於追上了韓信，並且信誓旦旦地向他保證，一定會讓他當大將軍。

劉邦還以為蕭何也逃了，哪知他是去追韓信了。蕭何一見劉邦，就竭力舉薦韓信為大將，劉邦被纏得沒有辦法，只好答應了。於是，劉邦發布命令準備拜將，手下的將領們聽說了，個個暗自高興，人人都以為自己會被任命為大將，等到舉行儀式的時候，才知道是韓信，全軍上下都大吃一驚。

劉邦特意地擇了吉日，又搭好一個拜將臺，還齋戒三日。這一天，他告祭天地，禮儀隆重地傳令三軍：拜眾人為將並封韓信為大將軍。

韓信從此得以統率三軍，自己的權力慾得到了滿足，就開始竭盡全力地為劉邦帶兵打仗，直至最後以十面埋伏之陣在垓下包圍住項羽。也許，如果沒有韓信，劉邦就難以擊破各路諸侯最後建立了漢王朝。

當初，劉邦在決定拜韓信為將軍的具體考量，史書上沒有直書其因。但是，我們可以斷定劉邦在決定之時，心裡肯定是取捨良久，反覆地權衡再三才下定決心的。在軍心不穩之際，能夠拜曾受「胯下之辱」的韓信為大將軍，實在令人驚奇。但他的高明之處也正在於此：眾人看到韓信作了大將軍，心中雖然不服但卻不得不服，畢竟韓信是精通兵法有實際軍事才能的，眾人因此更加深信劉邦是重視人的才能的。天下的能人異士聽聞此事，也紛紛投靠劉邦，這一點至少蕭何是替劉邦想到了。

在劉邦平定天下之後，韓信被封為楚王。但是，劉邦此時在心裡並沒有重視他，而是覺得此刻該捨棄他了。於是，他想出兵攻打韓信，便向陳

平請教，陳平一開始不肯出主意，直到劉邦再三追問。

陳平說道：「陛下的部隊比起韓信的楚兵，誰比較精良呢？陛下的才能若與韓信相比，誰比較會用用兵呢？」

劉邦略為沉吟，說道：「我都比不上韓信。」

陳平又說：「既然如此，陛下出兵攻他，等於是逼迫他作戰，陛下有把握獲得全勝嗎？我聽說古代的天子常巡視天下，會見諸侯。陛下只要出巡，裝作出遊雲夢澤，要在陳州會見各路諸侯。陳州在楚地西界，韓信聽到天子出遊，又到了他的地盤上，他當然會來謁見。當他謁見陛下的時候，您便可以把他抓起來。這樣就不用派兵，只需一個武士就足夠了。。」

劉邦於是依計行事，擒住了韓信。但是，劉邦還是沒有殺他，只是削除了他的王爵，貶為淮陰侯，留居京城，不讓他到外地任職，韓信也就不能再有所作為了。因為，此時殺韓信的機會還不成熟，那些戰功赫赫的將領們都在觀望；如果韓信被殺，他們肯定會同病相憐地起來造反，天下勢必大亂。

後來，英布、彭越等人反叛了，劉邦只好前去鎮壓，但留下蕭何來防備韓信。蕭何在知道韓信已生反心之後，就採取欺騙策略，騙來韓信，呂后利用韓信謀反之名將他處死了。

在這次行動前，蕭何曾親自到韓信那裡，說服他到宮中拜見呂后。這時，蕭何認為韓信已經對劉氏王朝沒有用處了，為了永除後患必須除掉他。

蕭何、劉邦對韓信的取與捨，正顯示出用人學的奧妙。在用人之機，要懂得選擇人才，重用人才；功成名就之時，只要對自己構成威脅就需除去婦人之仁，捨棄人才。

大凡統馭者在選取人才時，往往能夠做到得心應手，但在捨棄之際卻拿不定主意。結果呢？自然是後患無窮。

　　一代女皇武則天之所以能叱吒風雲，就是由於她逃掉了為唐太宗李世民陪葬而且取悅了太子李治。

　　早在武則天 14 歲的時候，就被唐太宗李世民看中，招入內宮。一夜侍奉後，唐太宗封武則天為才人，還為之賜名「武媚娘」。但是，唐太宗年事已高，不到幾年就身患重病。在這幾年裡，李世民卻發現嬌媚的武則天是一個極有野心的女子，而且心狠手辣。一次，有一匹烈馬無人能夠馴服，連李世民也沒有辦法，武則天說：「陛下只要給我一把劍就行了。」於是，李世民就讓人給她一把劍，她拿起劍竟把那匹烈馬殺了。

　　唐太宗暗下決心要除掉武則天，卻找不到理由。一天，他把武則天叫到自己的病床前，對她說道：「朕自患病以來，醫石無效，自覺病情日漸加重；恐怕再也不能恢復了。妳侍候朕已經有了好些年了，朕死後，妳怎麼辦呢？」武則天馬上明白了太宗的意思，她知道皇上是要讓自己殉葬。

　　聰明的武則天馬上靈機一動，說道：「妾蒙聖上恩寵，本該以死報答，但聖躬未必不痊，妾亦不敢遽死。情願削髮披緇，長齋拜佛，為聖上拜祝長生，聊報恩寵。」

　　李世民聞言，龍心大悅，也就答應了。他以為只要把武則天趕出內宮即可，但沒想到武則天出了宮並沒有削髮為尼，而是縮髮為道，後來又還俗進宮。李世民更沒有料到武則天竟早就和太子李治偷情，迷住了太子。後來，武則天控制了高宗李治，直至臨朝稱帝，改唐為周了。

　　因為一念之差，李世民沒有處死心懷野心的武則天，就導致了唐王朝的混亂，最後還被武則天篡權改制。

　　不懂得取捨往往會釀成大禍。《三國演義》裡，劉備深知馬謖只會誇

誇其談，告誡諸葛亮不可以委以重任。但是，諸葛亮卻忘了，以至於在北伐中原時，任命馬謖駐守街亭，結果大敗。諸葛亮在揮淚斬馬謖時，才想起劉備的話，也是犯了用人時取捨不當的錯誤。

還有一例，就是對待魏延：最初，劉備借荊州後，長沙守將魏延殺了韓玄來投降劉備。諸葛亮卻喝令刀斧手把他推出去斬了，劉備大吃一驚，慌忙問是何原因。諸葛亮說：「食其祿而殺其主，是不忠也；居其土而獻其地，是不義也。吾觀魏延腦後生有反骨，久後必反，故先斬之，以絕禍根。」

劉備卻認為此舉不妥，因為他要成大業就必須廣納人才，招降納叛正求之不得，如果殺了魏延，「恐降者人人自危」。可見，劉備是深知取捨的，只要對自己的事業有幫助，管他是忠還是不忠呢？他人的不義，正是自己求之不得的好事啊！

諸葛亮聽了劉備的話，也就不再決心捨棄魏延，而是留下了他，並警告他：「吾今饒汝性命，汝可盡忠報主，勿生異心；若生異心，我好歹取汝首級。」

諸葛亮之對魏延，是了解頗深的，他也知道用人的取捨之道，可是由於劉備的確說，他只好在應該捨棄魏延的時候沒有捨棄，而是加以任用。

諸葛亮死後，魏延果然造反隨馬岱攻打南鄭。姜維面對魏延的叛軍，無計可施，就請楊儀商量。楊儀卻說丞相臨死前留有一妙計，他說道：「丞相臨終，遺一錦囊，囑曰：『若魏延造反，臨陣對敵時，方可拆開，便有斬魏延之計。』」

姜維這才領兵而出，兩軍對壘時姜維大罵魏延，魏延卻要楊儀答話。於是，楊儀出陣，笑指魏延，說道：

「丞相在日，知汝久後必反，教我提備，今果應其言。汝敢在馬上連

叫三聲，誰敢殺我，便是真大丈夫，吾就獻漢中城池與汝。」

魏延不知是計，便笑道：「楊儀匹夫听著！若孔明在日，吾尚懼他三分；他今已亡，天下誰敢敵我？休道連叫三聲，便叫三万聲，亦有何難！」他笑完便大叫三聲，語音未落，人頭卻落在地上。原來，手起刀落地斬魏延的是和他一起反叛的馬岱，諸葛亮生前就安排好讓馬岱殺魏延的事。

從諸葛亮對馬謖的任用和對魏延的斬殺中，我們可以得出這樣一個結論：智者往往懂得取捨，而且應該要知道取捨的時機和方式。

● 美人計

　　愛美之心，人皆有之。可以賞心悅目的事物總是能受到人們的喜愛。

　　生意人如果能理解美，進而發現美、創造美，打造一個美麗的企業，又何愁生意會不好？

　　在現代市場競爭中，生意人應創新運用「美人計」，即將「美人計」從其「以色誘惑，亂人心志」的古老思維中擺脫，突破其局限性，擴展美的內涵。從「美人計」據以生效的基礎，從人類的愛美之心出發，利用健康有益的「美」為經濟生產、商業經營服務，把美學應用於生產、行銷、服務等各種領域，為企業的發展建立良好的市場環境。

美麗的瑪麗小姐

　　美國有一家公司出版了一本名叫《美化你的生活》的新書，他們估計這本書必定暢銷，於是向全美各地發了訂單。可是事與願違，訂單的回收率很低，為此，公司負責訂單業務的瑪麗小姐悶悶不樂，鬱鬱寡歡。

　　瑪麗小姐是個長相漂亮、嫵媚秀麗的女孩，即使是哀聲嘆氣仍不失其風韻，甚至更顯得楚楚動人。

　　這時，公司經理走了進來，打趣地說：「瑪麗小姐的神態太引人注目了，如果能流下眼淚就更動人了。」

　　瑪麗小姐本來就不高興，被經理一說，更加煩惱訂單了，果真眼眶裡泛起了淚珠。「啪」的一聲，經理拍下了瑪麗小姐哭泣的照片。第二天，這家公司又向各地重新發出一份訂單，結果許多訂戶都看得津津有味。原來，訂單上有一張彩色照片，照的就是瑪麗小姐如泣如訴的動人神韻，下

面還有文字說明：處理訂單業務的小姐因為收不到訂單正在傷心哭泣。

　　人們受了感染，不管原先想不想訂書，都大筆一揮簽好了訂單寄出去。一時間訂單紛至遝來，搞得瑪麗小姐有些手忙腳亂，她笑顏逐開，像是滿臉開了花似的。

　　經理又走進門來，高興地說：「瑪麗小姐，妳的笑容更迷人！」說完，「啪」地一聲，又拍下了一張照片。

　　幾後天，那些訂閱書刊的訂戶又收到了一份郵件，上面又有一張彩照，照片是瑪麗小姐笑容可掬的影像，下面也有文字說明：訂單業務小姐向各位訂戶致謝！

　　從此，客戶們凡是收到這家公司寄來的訂單，他們都會想起處理訂單業務的瑪麗小姐哭泣和歡笑的美麗面容，都樂意填寫訂單，欣然惠顧。

美人打頭陣

　　遠在 2,000 多年前，埃及女王克麗奧佩脫拉就曾揚言：「間諜戰中不能沒有女人，除非這個世界上只剩下了男人。」

　　現代商戰更是把「美人計」發揮到了極致。走進任意一家公司，總有妙齡女郎作為經理、總裁的祕書笑臉恭迎，那靚麗的身影給人一種極為愉悅的視覺享受。

　　每一家企業都設有公關部，作為公關中堅力量的幾乎清一色的全是美女，在為公司出征的過程中，美人總是憑著春風般的秀色，以柔克剛，無往而不勝。

　　在時裝發表會上，身段高挑、楚楚動人的女模特兒款款走來，展示著名貴的時裝，也展示著青春的色彩，讓觀眾如醉如痴。

在影視媒體中，亮麗少女或飄動烏黑的秀髮，或扭動窈窕的身姿，或笑得千嬌百媚，吸引了眾多的目光，也借機宣傳了眾多的產品。

在各式各樣的產品中，尤其是洗浴用品、香水、高級時裝等的包裝上，皆有千嬌百媚的美女向你大拋媚眼。

鋪天蓋地的廣告以美女為主角，在美色背後，在漂亮的言詞掩飾下，正有一個無底洞，恭迎大把鈔票源源送來。

美人作為開路先鋒，把美的誘惑拋向芸芸大眾，讓意志不堅定者乖乖交出自己的血汗錢，讓不明就裡者糊里糊塗地踏進陷阱。那青春嬌媚的色彩，無疑是很好的偽裝。

但凡事適可而止，有些商家陷入濫用美人計而不覺得可悲情況，人云亦云，亦步亦趨，猶如東施效顰，不僅不美，反而使人想要避而遠之。

使用此計，同樣要別出心裁，讓人耳目一新。

當今市場競爭中美女滿天飛，大家都把「美人計」當成敲門磚。在美人炙手可熱的大環境下，如何創出一分新意，讓這一古老的計謀大放異彩，已成了每一個商家不得不深入研究的問題。

空城計

兵力本就十分空虛，卻偏偏把空虛的狀態完全展現給敵方，使敵方疑惑不定。按常理推斷，兵力空虛者往往都會虛張聲勢，如今卻反其道而行之，弱態盡顯，莫非另外藏有一手？這就迫使敵方不能不慎之又慎，不敢貿然來犯了。

當年諸葛亮的空城計之所以成功，是對老對手司馬懿有極其深刻的了解，才敢大膽採用這種「虛者虛之，疑中生疑」的險計，正好命中司馬懿生性多疑的弱點，得以敗中求勝，挽救了危亡局面。

在市場競爭中同樣如此，面對強大的對手，自知難以取勝，就故意顯露弱態，迷惑對方，使對方心中驚疑不定，放棄了攻擊我方的圖謀。

服裝廠的計謀

大華服裝廠和龍興服裝公司同為南部的兩家服裝廠商，同行互為冤家，這兩廠的競爭也異常激烈。大華服裝廠本來打算投產一款新式時裝，不料由於資金緊張，遲遲無法投入生產。龍興服裝公司聞訊大喜，立刻行動，準備搶先一步把這種時裝生產出來，搶占大華服裝廠的生意。

面對龍興服裝公司咄咄逼人的攻勢，大華服裝廠的實力本就明顯稍遜一籌，資金的掣肘又使該廠更為被動，萬不得已，該廠想出了一條「空城計」。

該廠毫不掩飾地停工停產，還把這種時裝的設計圖當作廢紙到處亂扔。消息傳到龍興服裝公司那裡，龍興服裝公司的主管們坐不住了，大華服裝廠不至於落敗到如此地步呀？尤其是新品服裝設計稿一向是視為公司

機密的，不可能隨地亂扔呀！這裡面肯定有緣故。

龍興服裝公司急忙派人多方探聽，終於得到密報：原來這種時裝早已過時，在北部已經滯銷！公司主管們恍然大悟，原來對手早已知道這個情況，才故意揚言資金緊張，誘騙我們公司進行生產。絕不能上這個當！該公司立刻停止了這種時裝的生產線作業。

大華服裝廠得到消息，不由得喜出望外。他們故意以資金緊張、停工停產的面貌讓對方驚疑不定，又故意散布這種時裝過時滯銷的傳言，使對方信以為真，從而化解了對方的攻勢。該廠趁此良機，暗中加快籌措資金，很快地將這種時裝生產出來，銷到市場，獲得了極好的回報，等龍興服裝公司回過神來，已為時太晚。

大華服裝廠在這裡演出了一場漂亮的「空城計」，以空虛的真實面貌極其誇張地出現，使對手疑上加疑，從而巧妙地達到了自己的目的。

此計因為極度驚險，才顯得極為高明，展現了使用者化險為夷的高超技能和履險如平地的坦蕩胸懷，是高度智慧的展現。對此計一知半解者，不可使用；對對手的心理缺乏細緻入微的了解，也不可使用；以賭徒的心理以圖僥倖，更不可使用。

諸葛亮之所以成功地嚇走了司馬懿，大華服裝廠之所以成功地遏制了龍興服裝公司的攻勢，全因為對「空城計」有透澈的領悟，加上多年的激烈對抗使他們對對手也有全面而透澈的了解，在沉思熟慮之後，自信己方有七成以上的勝算，才採用了此計，也才獲得了成功。

即使如此，也還是存在著相當大的風險。如果諸葛亮的對手換成司馬懿的兒子，多半就會不顧一切地衝進城去，諸葛亮很可能就要當俘虜了；如果龍興服裝公司的主管換成對時裝銷售狀況深有研究的專家，只怕也不會相信那套傳言了，大華服務廠很可能就得吃個啞巴虧了。

即使有七成勝算，也還是有三分風險存在。諸葛亮只用了一次空城計，平生不曾第二次再冒此險；大華服裝廠一次得手，卻並未完全改變弱勢，以至於數年後不得不故技重施，結果被對手識破，敗得苦不堪言。

「空城計」以它的高度智慧和化險為夷的驚人膽識，為市場競爭譜寫了變幻莫測的壯麗篇章。「虛者虛之，疑中生疑」作為守正出奇的奇計，使市場人士的智慧和才能得到了多面向、多層次的發揮，將市場競爭不斷推向新的高峰。

有容乃大

泰國曼谷有一家新開的酒吧，由於地理位置不佳，生意清淡。老闆苦思冥想，想出了一個辦法。他把一個大大的酒桶放在店門口，桶上用鮮豔的色彩寫了大大的四個字：「不許偷看！」這下引起了行人極大的好奇心，紛紛到桶前往裡面窺看，結果在桶底看到了如下一行字：「小店有與眾不同、清醇芳香的生啤酒，一杯五元，請進來享用。」行人不由得捧腹大笑，於是紛紛走進店內，享用生啤酒。

從「不許偷看」到「非看不可」，完全是好奇心和叛逆心理在發揮作用。酒吧老闆的這一奇招和「空城計」完全相符，是「虛者虛之，疑中生疑」的最佳表現。

由這一個事例我們可以聯想到「虛懷若谷」。當然，「虛懷若谷」指的是人的謙虛而寬廣的胸襟，但它和酒吧店門前的空啤酒桶有驚人的相似，都是極虛極空的，只有這樣才會吸引周圍的人圍攏到自己身邊來。

虛懷若谷的人能接納不同的意見，就是因為他的胸襟是個空無一物的山谷，不論什麼樣的奇思怪想、奇談怪論全都能容納得下。

虛懷若谷，有容乃大。市場人士一定要具有如此開闊的胸襟，才能實施正確的風險決策，容納身懷絕技而多有怪癖的各類人才，把自己的事業推向前進。

美國時裝大王大衛‧史華茲不惜三顧茅廬，終於以至誠打動了脾氣極壞的服裝設計師杜敏夫。杜敏夫率先採用人造絲設計時裝，把史華茲推到了服裝行業的龍頭地位。

而在當時激烈競爭的美國服裝界，每天都有服裝公司宣告倒閉。史華茲因為「虛懷若谷」才容納了奇才杜敏夫，達到了「有容乃大」的理想境界。

日本西武集團總裁堤義明經過 20 年的苦心經營，使自己成了世界首富。他在用人上實施徹底的權限委任，完全信任他所起用的人才，自己從不指手畫腳，橫加干預。

堤義明曾收編了一支一敗再敗的棒球隊，把它組建為「西武獅王隊」。原教練根本陸夫面臨被撤換的厄運，但堤義明力排眾議，認為原球隊的失敗是多方面原因造成的，因此力主留任根本陸夫。

根本陸夫感念他的知遇之恩，臥薪嘗膽，三年後就獲得了第四名的好成績，第四年就登上了職業棒球總冠軍的寶座。原先虧損累累的棒球俱樂部也獲得了可觀的盈利。

在西武集團的所有企業中，堤義明都採用如此徹底的權限委託。他說：「我經常用船比喻。你要輪船出航，全權委託給船長就可以了。你站在岸上，邊拿望遠鏡看著邊喊『往左！往右！喂！前面有暗礁，小心！』這樣，船長就不好做事了。因此，你只要專心致志地造出一流的船隻，選好船長，對其好好進行專業訓練。然後，你只要把目的地告訴他就可以了。幾十年來，我就是這樣做的。」

這段話，可以作為「虛懷若谷，有容乃大」的極好的注釋，從中反映了用人者寬廣的胸懷和令人折服的信義。

說到底，「空城計」不僅是高度的智慧，而且同樣體現了極其珍貴的信義。

信義無價，智者無敵，願市場中的朋友們能領悟其中的真諦，勇於前進，創造輝煌。

反間計

巧妙地利用對方安插在我方陣營中的間諜，不失時機地向對方傳遞假情報，使對方作出錯誤的判斷和決策，瓦解對方對我方的攻勢，以更有力的措施戰勝對方，獲取勝利。

「反間計」是智慧與智慧的大較量，真假虛實，是敵是友，讓人眼花繚亂。我方可以使用反間計，對方也可以使用反間計，反間計之中還可以再使反間計，神鬼莫測，驚心動魄。

軍事戰爭為反間計抹上了神祕的色彩，市場競爭同樣展現出反間計的智慧，體現了使用者高人一等的眼光。

《孫子兵法》列出了使用間諜的五種方式，分別是鄉間、內間、反間、死間、生間，其中只有「反間計」被收編到「三十六計」中，可見，反間計在使用間諜的謀略上具有舉足輕重的地位。

事實上，不論是軍事戰爭，還是市場競爭，間諜活動都極其活躍，從而造成了「敵中有我，我中有敵」的錯綜複雜局面。如果能巧妙利用對方的間諜來達到我方的目的，則可不費吹灰之力取得勝利。

使用對方間諜的方式有兩種：一種是策反對方間諜，或脅迫，或利誘，使對方間諜為我所用；另一種是發現對方間諜後，假裝不知，故意向對方間諜透露假情報，將計就計，使對方間諜信以為真。

這兩種方法都有利有弊，使用此計者必須具有敏銳的眼光和過人的洞察力，才能去偽存真，實現自己的策略目的。

策反對方間諜為我所用，需要確保對方間諜的反叛不為對方所知，否則就可能前功盡棄，甚至會被對方來個將計就計；向對方間諜不動聲色地

傳遞假情報時，應把傳遞的方式、過程安排得天衣無縫，否則只會打草驚蛇，不僅無法達到目的，甚至有可能被對方反咬一口。

情報比金錢更重要

反間計的首要目標就是情報，派出間諜的目的同樣也在情報上。這是因為有了正確的情報，就能為決策提供了可靠的依據，也為戰勝對手提供了致命的武器。

許多軍事家、商家都不惜重金購買情報，因為他們深深地懂得，情報比金錢更重要。

在現代市場中，有一個詞如雷貫耳，那就是資訊。資訊和情報宛如一對孿生兄弟，成為市場人士競相捕捉的目標。

儘管資訊更具有公開性，更具有現代色彩，而情報更具有隱蔽性，更具有神祕色彩，但它們的功用同等重要，都是市場決策最首要最可靠的依據，都是戰勝對方必不可少的武器。

間諜獵取的是情報，也是資訊，反間計傳輸的是假情報，假資訊。資訊浩如煙海，情報真假難辨，市場人士即使懂得了它們的價值，一擲千金地買了下來，卻也並未都能獲得成功。這還牽涉到正確的去偽存真，做出合理的判斷，形成正確決策等問題。

首要的一條是，必須確保這些資訊和情報沒有虛假的成分，而且恰好能為我們所用。

曾經，日本各大公司為了大舉進軍臺灣市場，都不遺餘力地搜集臺灣的資訊和情報，大到政治經濟軍事領域的，小到某個縣市某一天的商品售價，全都彙編成隨時可以查的資料。臺灣的各種報刊，包括一些地方小報

也被他們收集起來，以備查用。

這些翔實的情報和資訊，為日本企業開拓臺灣市場提供了可靠的依據。如今，在臺灣的各大商圈，到處都可見到日本企業成功的身影。

可見，收集情報並非僅僅依靠間諜，一些公開的報刊和資料，同樣可以作為有用的資訊，為我方帶來極大的益處。

要眼觀四面，耳聽八方，隨時注意市場中的風吹草動，捕捉有用的資訊，獵取有價值的情報，為我方在市場競爭中取勝提供決策的依據。

當電腦、網路、傳真機等現代化設備進入市場競爭的領域，資訊和情報就以超過以往千萬倍的速度在高速傳遞著，誰能先人一步，慧眼獨具地捕捉住有價值的資訊和情報，誰就在市場競爭中搶占了先機，拔得了頭籌。

情報和資訊不論以何種方式收集到手，接下來就是要對它們進行分析、比較、綜合和驗證。必須萬分注意的是，不能憑主觀因素而影響了鑑別的準確度，一定要客觀再客觀，沙裡淘金，去偽存真。

當鋼鐵大王卡內基得到競爭對手霍姆斯特德鋼鐵工廠發生罷工事件的情報後，他沒有輕率地作出結論，而是派弟弟湯姆前去親自驗證，結果證明該工廠一片混亂，負債累累，工人罷工，工廠癱瘓，七位投資人吵得不可開交。

卡內基確信情報屬實，於是立刻行動，分別與該工廠的 7 名投資人單獨談判，以極低的價格買下這家工廠，此舉極大地擴充了他的鋼鐵王國。

香港富豪陳明錫以追求熱門消息取勝。他每三年環游世界一週，這個獨特的習慣使他在世界各地擁有了無數的朋友，這些朋友都成為他在市場中可靠的耳目。一旦某個熱門產品問世，他就能很快得到情報，立刻跟進開發生產，在短時間內獲得巨利。

作為一個成功的市場人士，如果僅僅把目光停留在經濟領域是遠遠不夠的，國內外政治情報同樣應該進入市場決策者的視野，用各種方法搶先收集到手，再運用敏銳的判斷力，形成超前部署的正確決策。

當抗美援朝戰爭結束的消息傳到香港時，霍英東立刻對香港的未來作出了正確的判斷。他認為金融貿易的時代即將到來，房地產業將進入新一輪黃金時期。於是他果斷抽調巨資，進軍房地產市場，為他成為香港巨富邁出了關鍵性的一步。

市場競爭把資訊和情報的爭奪推到了日益突出的位置上，引起市場各方的高度重視。

情報比金錢更重要，這句話請銘記在心。原因很簡單，有了情報，就可以得到更多的金錢。

獨具慧眼，明察秋毫

反間計若想成功，必須獨具慧眼，明察秋毫，才能不被假情報所騙，才能以各種巧妙的方式矇騙對方。

其實不僅僅是反間計，在情報大戰和間諜大戰中，獨具慧眼、明察秋毫同樣至關重要。各類資訊和情報本就魚目混珠，敵我雙方的間諜本就互相滲透，沒有獨具慧眼、明察秋毫的過人才能，是萬萬不可以的。

其中尤以反間計更為神鬼莫測，對敵我雙方都是個嚴峻的考驗，不僅情報的真偽難以判斷，而且間諜的真實面目也很難識破，要做到獨具慧眼、明察秋毫更是難如上青天。

美國中央情報局的頭目和蘇聯國家安全委員會的首腦都曾吃過反間計的大虧，更何況我們這些以市場經營為主業的商家呢？

當然，這並不是說，因為難上加難就因噎廢食，放棄對反間計的使用。吃一塹長一智，若是吃虧就當交一次學費，下次使用反間計時定能有所長進，獨具慧眼、明察秋毫的本事漸漸就練出來了。

1975 年，沙烏地阿拉伯將在杜拜興建預算總額為 10 ～ 15 億美元的大型油港，向全世界公開招標。這項龐大工程被冠以「20 世紀最大的工程」，震驚了世界各地的大建築商們，他們紛紛摩拳擦掌，躍躍欲試，都想把這項工程奪到手，以便向全世界顯示自己的強大實力。

韓國的鄭周永率領現代建築集團甫踏入沙烏地阿拉伯，就引起了各大競爭對手的極大關注。白手起家的鄭周永僅用 19 年時間，就坐上了韓國建築業的頭把交椅。他曾以 10 分鐘的世界紀錄奪取了韓國建築史上最大的一項工程，令全世界的同行們刮目相看，因此，他剛一出現，就被競爭對手們當作勁敵，紛紛各展神通，前來摸底。

大韓航空公司的社長趙崇勳本是鄭周永的老朋友，這天突然前來拜訪，代表法國斯比塔諾爾公司來勸說鄭周永退出競標，並願以 1,000 萬美元的鉅款作為補償。

鄭周永大吃一驚，想不到自己的老朋友也被競爭對手拉攏，借與自己敘舊的機會來摸自己的底。這分明就是間諜行為嘛！還好被自己及時識破。

他故意沉吟不語，暗中盤算對策，決定使用反間計。他表達了絕不放棄的決心，同時又巧妙地透露出自己打算為這項工程交付 4,000 萬美元的保證金，目前正忙於籌集這筆鉅款，沒有時間和老友暢談敘舊。

趙崇勳一聽大喜，急忙匆匆趕回報告斯比塔諾爾公司。由於投標有明確規定，中標者必須預交報價 2% 的保證金，法國人由此推斷鄭周永的投標報價在 16 ～ 20 億美元之間。根據這種判斷，法國人制定了自己的報價。

鄭周永反間計成功，又故伎重施，利用有意無意的方式向其他競爭對手透露了同樣的資訊，誘使他們做出錯誤的決策。

當沙烏地阿拉伯杜拜海灣油港招標仲裁委員會公布招標結果時，所有的競爭對手都驚得瞠目驚舌。鄭周永的報價僅為 9.3114 億美元，他以這個最低報價當之無愧地摘取了這項巨大工程的桂冠。

鄭周永勝利了，明察秋毫的他識破了老友趙崇勳的間諜身分，他獨具慧眼地巧用這個間諜，向對手傳遞假情報因此大獲成功。

既然對方可以使用反間計，把自己的老友策反過去，那麼鄭周永就再「反間」一次，讓這個間諜為自己所用，達到自己的目的。

反間計就是如此神鬼莫測。

試想，面對如此真偽難辨、敵友難分的複雜情況，不獨具慧眼，不明察秋毫可以嗎？

派出間諜是為了及時獲取競爭對手的情報，而運用反間計是為了將計就計，將對方派出的間諜巧為我用。魔高一尺，道高一丈，在間諜與反間諜的激烈交鋒中，反間計是保護自己、克敵制勝的有效計謀，只有獨具慧眼、明察秋毫，才能無往而不勝。

智者無敵，願市場中的朋友們運用智慧，把反間計運用得更為神奇，為自己謀取利益，讓這一計謀能大放異彩。

苦肉計

「苦肉計」是以自己傷害自己身體或利益的方式，達到矇騙競爭對手、吸引消費者的目的。它帶有極明顯的殘忍性，因此在使用時一定要慎重，只有在確認採取這一計謀的收穫遠遠大於所受到的傷害時，才能使用。

保險推銷員的假摔

足球場上常有運動員假摔，想讓裁判誤判對方犯規。這種假摔就是「苦肉計」。

我曾在臺北聽過一堂推銷課。主講的是一位著名的保險推銷員。他說他的第一張大單的簽訂，就運用了「苦肉計」。

當時，他跟一個大客戶接洽了半年，始終沒有令對方簽下訂單。與此同時，還有幾個其他保險公司的推銷員跟他競爭，他唯恐夜長夢多，於是自導自演了一場苦肉計。

一個下雨天，他拜訪完該客戶走出客戶公司的大門時，在溼漉漉的臺階上假裝　滑，就從超過一公尺的臺階上滾了下去。送他出門的客戶見狀大驚，連忙跑下臺階扶起滿身泥濘的他，問他要不要去醫院，他搖了搖頭，說了聲「謝謝」之後，便一瘸一瘸地走了。

當晚，他就接到了該客戶約他第二天簽約的電話。

這個「苦肉計」苦了自己的身體，但換回的卻是巨大的收益。當然，這種純粹以身體為代價的「苦肉計」並不值得提倡，即使一定要用，也只偶爾用一次（如用在「大客戶」上），並且也應有個限度（如只從「一公

尺多一點點」高度的臺階上滾落）。

在企業管理中，一些企業主管為了激勵士氣，嚴明紀律，會首先向自己開刀，「從我罰起」。一旦出現了失誤，企業主管責無旁貸地承擔責任，並率先接受處罰。用這種「苦肉計」以身作則，為企業員工樹立了良好的榜樣，使企業上下團結一致，萬眾一心，開創企業經營的新局面。

自我揭短，家醜外揚

人們常說：「家醜不外揚」。有一種「苦肉計」卻反其道而行之，有意把自己的短處、醜聞開誠布公地講出來，表面看來雖然損害了自己的形象，但結果往往出人意料。由於開誠布公，卻反而使公眾相信了我方的真誠，從而對我方的形象及產品又重新樹立了信心。

有一位經銷香菸的英國老闆特意在自己商店門口書寫了大幅廣告：「請謹慎購買本店的香菸，因為本店經營的捲菸中尼古丁、焦油含量都比其他店的含量高出千分之一。」這還不夠，還接著寫道，某人由於吸了他們店的捲菸而死亡了。

這夠駭人聽聞的了吧！按理說看了這幅廣告，消費者應該對他退避三舍才對，誰知恰好相反，消費者恰恰因為這幅廣告而紛紛到他的店裡購買捲菸。尼古丁、焦油高出千分之一算什麼，難道真能抽死人嗎？於是，他的生意日益興隆，令附近幾家香菸店大驚失色。

不是消費者不怕死，而是這個老闆的「苦肉計」抓住了消費者的心。看似自我揭短家醜外揚，其實這種以誠為本的態度，深深打動了消費者，遠比那些譁眾取寵、誇誇其談的廣告更能博得人們的信任。

無獨有偶，美國有一家飯店也在自己的店門外書寫了大幅廣告：「本

飯店經營最差的餐點，由差勁的廚師烹調。」還同時在飯店的招牌旁邊，用碩大的字體寫著：「魔鬼料理」。

自稱是「最糟糕的餐點」卻沒有使消費者敬而遠之，反而紛紛前來品嚐。

真是「不嘗不知道，一嘗忘不掉」。飯菜可口，讓人食慾大開，「最糟糕的餐點」尚且如此吸引顧客，那麼美味佳餚不知道會好吃到什麼程度了。

「魔鬼料理」一傳十，十傳百，不脛而走。顧客紛至遝來，生意好得不得了。

這個飯店以「苦肉計」的方式，在一片自吹自播的虛假廣告中博得了消費者的信任，贏來了好評，取得了成功。

與此類似的是，有許多企業一旦發現自己的產品出現不合格的現象，就馬上把不合格產品集中起來，在大庭廣眾之下大張旗鼓地銷毀。

這同樣是一招高明的「苦肉計」，現在已被越來越多富有遠見的企業所採用。

本來的目的是消除不合格產品，但如果僅僅達到這個目的，悄無聲息地自行處理了就可以了。如此大張旗鼓的不怕當眾出醜，完全是為了用這個方式博取消費者的信任，在社會公眾面前樹立真誠維護消費者利益的美好形象，從而使消費者樂於購買自己的產品。

有一個食品廠就曾刊出這麼一則「致歉廣告」：由於本廠產品缺貨嚴重，致使到本廠提貨的百餘輛汽車排成長列，阻塞了交通，給廣大民眾帶來了不便，本廠特表示深深的歉意。本廠決定更新生產線，擴大生產，以滿足消費者的需求。鑑於本廠銷售科科長擅自將 50 噸熱銷產品批發給個體商販，進一步加重了缺貨情形，特給予該科長降職處分。

苦肉計

　　這則「致歉廣告」以誠懇認錯的態度，暗示了該廠產品在市場上熱銷、供不應求的盛況，讓消費者在無形中產生了極強的購買慾望。本來該廠尚有一部分產品庫存，由於這則廣告的作用，這些庫存產品也被搶購一空。

　　誠懇道歉再加上降職查辦銷售科科長，都是「家醜」，卻不惜廣而告之，原因很簡單，就是要用這種「苦肉計」博取消費者的好感，達到推銷自己產品的目的。

　　並不是在任何時候企業的運轉都會處於正常的狀態中，事實上，一家企業的經營每時每刻都會出現一些問題。這些問題積少成多，會在某一天暴發成一場危機。有的企業怕東怕西，只怕家醜外揚會損害企業的形象，極力加以掩蓋，誰知越蓋問題越多。

　　必要的時候實施「苦肉計」恰如其分地自我揭短，使家醜外揚，反而能使企業很快地脫胎換骨，更快走上健康發展的道路。

連環計

妙計迭出，計計連環；狠招頻發，步步為營。在你的組合拳式進攻之下，必會讓對方無回手之力。

武俠書上常講武功的最高境界是從有招到無招，所有的奇招都融為一體，渾然自成，只是隨心所欲地施展，卻很難一一辨識拆解。連環計與此類似，雖然有多個計謀連貫而成，但已渾然一體，天衣無縫，讓對手無法辨別，無法識破，只能乖乖就擒。

《三國演義》中王允曾經使用連環計，讓美女貂蟬以「美人計」挑撥董卓與呂布的關係，再「借刀殺人」，借呂布之手殺了董卓。當然，我們普通人也不是完全沒有使用過連環計，只不過使用的手段高下有別，使用的效果好壞不同罷了。

環環相扣巧算計

英國 S 公司派出談判代表梅傑，來到法國阿克森斯公司洽談一批規模巨大的鋼鐵生意。在談判中，梅傑提出每噸鋼胚 160 美元的價格，而阿克森斯公司則只願付出每噸 118 美元的價錢，懸殊極人，談判一時陷入僵局。

阿克森斯公司總裁老謀深算，為了摸清對方的底牌，他決定使用連環計。

梅傑為了避免對方耍花招，特地選擇了一家遠離阿克森斯公司的酒店下榻，但他萬萬沒想到，阿克森斯公司總裁還是把觸角伸到了這裡，美女黛絲就是他所安排的間諜。

梅傑果然過不了美人關，很快就和黛絲鬼混在一起。黛絲暗中留意他的一舉一動，將他開密碼箱的密碼偷偷記在心中。

然後，黛絲再使「調虎離山」計，陪梅傑出外遊玩。阿克森斯公司趁機派人將梅傑的密碼箱用黛絲偷得的密碼打開，偷拍了箱中的機密文件，並將 S 公司的底價破譯出來。

談判重開，阿克森斯公司竟然提出購買 30 萬噸鋼胚、每噸 115 美元的要求，而這竟然和 S 公司的底價幾乎一致，梅傑大吃一驚，但還是硬著頭皮提出了每噸 132 美元的價格。阿克森斯公司寸步不讓，梅傑無奈，只得以原先每噸 118 美元的價格成交，使公司蒙受了 1,000 萬美元的損失。

阿克森斯公司的連環計由「美人計」和「調虎離山計」組成，計計連環，步步相接，讓梅傑一步一步地踏入圈套，天衣無縫，無懈可擊，取得了極大的成功。

美國一家玩具公司為了達到賺大錢的目的，先採用極低的價格出售名為「芭比」的玩具娃娃，由於物美價廉，很快就被搶購一空，玩具公司達到了「欲擒故縱」的目的。

芭比娃娃買到家，孩子自然歡天喜地。不久孩子就從盒中的芭比服飾廣告中得到提醒，芭比該買新衣服了。孩子的父母纏不過孩子，只得掏錢為芭比娃娃買新行頭。「借刀殺人」也獲得成功。

接著，「趁火打劫」又登場了，芭比想當空姐，芭比戀愛了，芭比結婚了……好，都得掏錢。父母不忍心讓孩子傷心，又花錢為芭比買了各式衣服，並買回了芭比的男朋友。

最後，「笑裡藏刀」之計終於讓父母忍無可忍了，但芭比的兒子誕生了，還得花錢從頭開始買嬰兒用品……

玩具公司把欲擒故縱、借刀殺人、趁火打劫、笑裡藏刀等奇計融為一

體，連環迭出，賣出一個芭比娃娃，就得到了永世不竭的發財管道，孩子父母口袋裡的錢源源不斷地流入玩具公司的口袋裡。

連環計就有如此奇妙。

當然，在連環計中，常常有一計是專門用來製造對方陣營的摩擦，讓對方內部互相牽制，以便我方趁機取勝，這也順應了連環計本來的含義。然後再使用另外一計或數計向對方發起攻擊，達到趁火打劫、趁亂取勝的目的。

連環計比其他任何一計的單獨使用都具有更大的威力，以神鬼難測的神奇效果，戰勝競爭對手，把自己送上成功的寶座。

連鎖店與規模經營

在市場中，各式各樣的連鎖店就恰似連環船，雖然彼此各自獨立，但都有一種無形的紐帶把它們聯結成一體，在經營中同進同退，互相策應，互相支援。

鶴立雞群的百貨公司固然有其優勢，但限於地理位置，難以吸引遠方的顧客，僅僅能在一個地方稱王稱霸，而連鎖店則不同了，它以其靈活的連鎖經營，將觸角伸向遙遠的村縣，主動出擊，影響力更大。

在臺灣，全連購物中心星羅棋布，大街小巷到處都有它的蹤影，贏得了廣大的顧客。

除了經營更為靈活、出擊更為主動之外，這種連鎖店經營把數十家、數百家連鎖店以不同的方式聯合成一個整體，壯大了聲勢，擴大了經營規模，獲得了更好的效益。

把眾多商店五花八門的各種商品彙聚在一起，對顧客的吸引力和誘惑

力是相當大的，這就是連鎖經營的獨到之處。因此，若想在市場競爭中立於不敗之地，就要想方設法，多開連鎖店，讓這些店連成一片，同進同退，共造聲勢，以百花齊放的壯觀場面招攬顧客。

與連鎖店的經營方式極其類似的是規模經營。規模經營把企業的成長和發展作為首要目標，不遺餘力在各個領域搶占制高點，壓制和反擊競爭對手的反撲，確立自己在市場中的優勢地位，以龐大的規模與顯赫的聲勢，吸引消費者，取得市場競爭的勝利。

規模經營的另一大好處是降低經營成本。規模越小，成本就越高，產品就越缺乏競爭力。規模經營剛好彌補這一缺陷，能以擴大生產規模的方式大幅度降低成本，增強產品的競爭力，擴大市場占有率。

日本企業之所以在世界上迅速崛起，是因為日本商家從不滿足現狀，一旦取得了一定的收益，他們就把它作為新的起點，追加投資，進一步擴大企業規模。

日本企業就這樣迅速增殖，擴張成當今世界上最具競爭力的企業王國。而與此同時，歐美企業不肯在規模經營上下工夫，產品價格居高不下，在競爭中明顯處於劣勢，幾乎無法對日本企業構成威脅。

王永慶是臺灣著名的塑膠大王，為了把產品打入東南亞市場，他也舉起了規模經營的武器。他透過各種方式擴大生產規模，終於如願以償地降低了成本，從而把東南亞市場從別人手中硬生生地搶了過來。

連鎖店與規模經營，作為連環計在市場中的重要應用之一，受到了市場人士極大的關注。誰能以更高一籌的智慧在這番角逐中取勝，誰就在市場競爭中占據了極其有利的地位。

連環廣告戰

廣告戰是市場競爭中最引人注目的一道風景線,各家產品無不挖空心思,在這上面大下工夫,各顯神通,令人眼花撩亂。其中尤以連環廣告戰最為引人入勝,也深得連環計的精妙,用得好能造成極其轟動的效果。

1915 年,可口可樂公司推出了樣式獨特的 6.5 盎司容量的新瓶子,自認為是異常完美的設計,於是進行了大批量的生產,並伴隨著大張旗鼓的廣告宣傳,把 60 億瓶使用這種新瓶子的可口可樂飲料推入市場。

老對手百事可樂趁機以「一樣的價格,雙倍的享受」為口號,向可口可樂叫陣,同樣花 5 美分,買可口可樂只有 6.5 盎司,買百事可樂卻可得到 12 盎司。

百事可樂的價格優勢取得了「反客為主」的成功,迫使可口可樂作出兩難選擇:要不減價,不然就增加容量,但不管採用何種方式,當時正擺在各個商場和自動販賣機中的 10 億瓶可口可樂飲料都將蒙受損失。

結果,百事可樂打了一個大勝仗,逼得可口可樂轉攻為守。

20 年後,百事可樂再次發動新的攻勢,以「百事新生代」作為廣告策略,用鋪天蓋地蠱惑人心的語言向年輕一代灌輸自己代表消費新觀念,而把可口可樂貶為老古董,以圖在追求新潮的年輕人中拉到大批消費者。

結果,百事可樂再度輝煌了一把,大獲成功。

進入 1980 年代,百事可樂以 500 萬美元的巨額代價,請天王巨星麥可‧傑克森拍廣告,大大地風光了一番。一看效果不錯,又把萊諾‧李奇,唐‧強牛,瑪丹娜等當紅明星一一請來,輪番上陣,在美國青少年中引發了一股狂飲百事可樂的浪潮,獲取了非凡的效益。

這番「暗度陳倉」是以明星們的亮相「明修棧道」來吸引消費者,暗

地裡卻達到了戰勝老對手、賺取財富的目的。

　　無論百事可樂在廣告上如何玩花樣，但就像孫悟空跳不出如來佛手掌心一樣，可口可樂總能找到辦法把百事可樂壓下去。

　　風風雨雨五十年，廣告大戰五十年，百事可樂與可口可樂這對老冤家在廣告上各出奇招，互不相讓，形成了令人眼花繚亂的連環廣告大戰，讓消費者大開眼界，不僅看飽了半個世紀的好戲，也灌飽了兩家可樂公司生產的各種飲料。

　　連環廣告戰兩家都沒輸，精彩的廣告創意或花樣翻新的連環廣告戰，通通有助於賺取消費者的錢。這樣的連環廣告戰必定要持續下去，因為它們都從中得到了好處，它們都是連環廣告戰的大贏家。

　　這兩大公司的廣告連環戰曠日持久，的確讓世人驚奇不已。更多的時候我們採用連環廣告戰，是為了把某種新產品迅速推向市場。由於各種廣告媒體各有千秋，優缺點並存，因此僅僅依靠一種媒體進行廣告宣傳，很難造成轟動效應。

　　為了達到自己的行銷目的，非常有必要把各種廣告媒體組合起來，形成連環廣告戰。當「野馬」汽車研製成功即將推向市場之際，銷售奇才艾科卡就採用了連環廣告戰。

　　艾科卡首先舉辦了規模極大的「野馬」汽車大賽，特別邀請各大報社的數百名記者採訪報導，造成了極大的聲勢。

　　在「野馬」汽車上市的前一天，艾科卡又不惜巨資，在 2,600 家報紙上同時刊登整頁廣告，把這一資訊在一天之間傳遍了整個美國，做到了婦孺皆知。

　　艾科卡又特地選擇最有影響力的《時代週刊》和《新聞週刊》，刊登了新穎別致的廣告，強化了「野馬」汽車在人們心目中的形象。

與此同時，在各大電視臺連續播放「野馬」廣告，為「野馬」汽車的銷售助威。

艾科卡還別出心裁，在各大停車場專門購置了停放「野馬」汽車的位置，並以巨幅看板提醒用戶，這是「野馬欄」。

艾科卡沒有放過最為繁忙的公眾場合，他耗費大量人力物力，把一批批漂亮的「野馬」汽車陳列在各大飛機場和各大酒店門前，以吸引消費者的目光。

艾科卡還向各地的幾百萬輛小汽車用戶郵寄廣告宣傳品，把廣告做到每個消費者的頭上，以自己的至誠打動他們。

這一番廣告連環戰果然大獲成功，原先預計第一年銷售量為 5,000 輛，結果「野馬」汽車供不應求，居然石破天驚地銷售了 418,812 萬輛。在「野馬」汽車進入市揚的短短兩年裡，就一舉賺到了 11 億美元的純利潤。

艾科卡運用廣告連環大戰，讓「野馬」汽車的銷售捲起了一波狂潮，席捲了整個美國，他也成為聲名遠播的「野馬車之父」，在人們心目中留下不滅的印象。

艾科卡把多種廣告媒體和廣告方式融為一體，形成步步相接、環環相扣的連環廣告戰術，造就了廣告的輝煌，贏得了事業的成功。

其實，在同一種廣告形式中，也常常可以造成步步相接、環環相扣的效果，形成引人入勝的連環廣告戰。

臺灣三陽工業公司成功研製「野狼」摩托車，在「野狼」摩托車即將進入市場之際，該公司在臺灣最大的兩家報紙上，連續登出廣告，以巨幅大字的形式，吸引消費者。

第一天的廣告詞是這樣的：「今天不要買摩托車，請您稍候 6 天。買

摩托車您必須慎重地思考。有一部意想不到的好車，就要來了。」

第二天繼續刊出，只把「稍候 6 天」改為「稍候 5 天」。第三天仍然照舊，只變成了「稍候 4 天。」

這時，生產摩托車的同行有了怨言，因為銷量減少了，而該公司的銷售人員也出現了這樣的抱怨，於是第 4 天的廣告取消了「今天不要買摩托車」這一句。

到了第六天，廣告內容有了全新的內容：「對不起，讓您久候的三陽野狼 125 摩托車，明天就要來了。」第七天，則採用全頁廣告，對「野狼」摩托車進行大張旗鼓的宣傳，與此同時，「野狼」摩托車進入市場，第一批貨被搶購一空。

這則連環廣告戰以設置懸念的方式，步步深入，把人們的好奇心越吊越高，直到最後一天才給出答案，因此吸引了所有人的注意，獲得了極大的成功。

由於連環計是融各種奇計異謀為一爐的曠世奇計，因此使用者必須具有極高的智慧，同時又要極其熟悉市場競爭，對《三十六計》融會貫通，才能使用成功，讓這一奇計為自己的事業開拓出更寬廣的天地。

走為上策

進固然可喜，但退也同樣重要。盲目的只進不退無異於自殺，當然，盲目的只退不進也只是懦夫的表現，注定終生沒有出息。

退和進是系統地融合在一起的，根據形勢變化，當進則進，當退則退，應該冷靜做出明智的抉擇。

當面對對方的堅固防禦屢攻不克時，當對方過於強大我方無法取勝時，最明智的選擇只能是機智地退卻。如果硬拚，勢必全軍覆沒；如果投降，也意味著徹底的失敗；即便能勉強求和，也只不過在對方的控制下獲得一個苟延殘喘的時機。

軍事家講究以退為進，市場人士圖謀另找出路、在別的領域尋求發展良機，都是「走為上策」的最好表現。

日本著名企業家松下幸之助說：「武功高強的人，往回抽槍的動作比出槍時還要快。與此同時，無論經營事業，還是做其他事情，真正能做到不失時機地退卻者，才堪稱精於此道。」

成功人士也說過：「蹲下去再跳，總會跳得高一些。」

而與此相反，在市場經營中我們常常可以見到一些不知進退的年輕人，見到一些在一棵樹上吊死的糊塗蟲，他們失敗的命運是注定了的，原因就在於他們沒有深刻領悟到「走為上策」的內涵，不能作出正確的決策。

「忍一時風平浪靜，退一步海闊天空」，古人給我們留下這句富有哲理的名言，不僅用於日常交流，而且在市場競爭中大有用處。

美國人希思研製電爐成功後，就在自己的家鄉四處奔走，推銷這種新產品。但讓他失望的是，無論他怎麼努力，就是無法打開銷路。

他整整奔波了四年，不知跑了多少地方，磨破了多少次嘴皮，但就是無法說服當地人接受這種新產品。後來他終於明白了，他的家鄉過於偏僻，當地人文化水準普遍不高，人們對用電有一種莫名其妙的恐懼，儘管他再三地演示講解，人們還是固執地搖搖頭，一如既往地使用他們早已熟悉的煤炭爐子。

既然當地人的觀念如此保守落後，先進的電器無論如何也攻不破他們守舊的陣地，再百般努力也是白費工夫，只會落個慘澹經營的下場，那還不如知難而退的好。

希思果斷地「走為上策」，從家鄉的電器市場退了出去，奔赴現代化大都市芝加哥，終於為自己的電爐打開了局面。

大獲成功後，希思說：「如果我還待在那偏僻的小城，將永遠不會有今天輝煌的業績。」他在暗自慶幸，實施「走為上策」這一計真是太好了。

明智地知難而退，是面對強大對手和不利局面的最佳選擇，在市場競爭中，這一點顯得尤為重要。如果運用恰當，能為自己的東山再起積蓄足夠的力量。

該收手時就收手

大多數生意人都知道，在形勢大好時「春風得意馬蹄疾」，憑一股幹勁，能將生意做得風生水起；而在形勢不好時，有些人卻不知道收縮戰線、準備撤退，直至「彈盡糧絕」，連東山再起的本錢都沒有了。

該出手時就出手，該收手時也應收手，生意人必須能屈能伸。只能屈不能伸的人是庸才，只能伸不能屈的人是驕兵，都不能真正順應時勢，成就一番豐功偉業。

　　生意人，特別是資金不足的小生意人，不能死守一盤棋走到底。若失敗了，就要果斷地放棄，保持元氣，以圖東山再起。但是，每一個成功的事業，幾乎在開始的時候都出現過困難，當度過了困難之後，前面就是康莊大道；若在這黎明前一刻的緊張關頭就放棄了，或許再沒有第二次機會了。

　　究竟什麼時候要放棄，什麼時候要堅持？有一個最重要的指標是營業額。如果營業額理想，或超過預期，那麼一切問題都好辦，即使押上了你的家當也要死撐下去。如果營業額不理想，多半是你的營業觀念錯了，或是你做錯了。做錯了還可以改，基本的觀念錯了，一定要放棄。但未必要放棄營業，一定要放棄的是「錯誤的營業觀念」。

　　由此可見，作為生意人，你所制定的經營策略一定要適合經營的需求，隨著經營過程，你更需要及時調整你的策略。

　　這其中有兩種情況：一是在經營過程中，你發覺開始制定的策略在實施過程中有問題，需要馬上調整，這樣才能減小損失；二是在經營中隨著市場的變化，你所制定的經營策略也不能一成不變，必須隨著市場變化、供需變化等諸因素的變化而及時調整。

　　有一家餐館，經營了一段時間都不見起色。原來，在餐館周圍雖然有幾家大公司，但每個公司都為員工提供午餐，還為上夜班的職工提供宵夜，難怪餐館的生意不好做。經過深入調查，餐館老闆發現，這幾家公司對辦公用品的需求很大，同時周圍還有兩所中學、一所小學，文具用品市場大，於是，他毅然將餐館改為文具店，雖然這一折騰損失了不少資金，但沒過多久就獲得了可觀的效益。

　　小本生意的最大的好處就是轉行方便，有時果斷轉行，可以逃過危險。

所謂「一葉知秋」，看到庭院的梧桐樹飄下了一片落葉，就該意識到秋天已經來了。凡事在即將衰微時總有一些跡象，聰明的人從這些跡象中可以預視到未來枯樹的影子。「居安思危，以小見大」，這在生意上也是非常重要的。

　　在這個瞬息萬變的時代，某一種行業可能突然間衰微下去，某一種行業也可能突然興盛起來，因此越來越需要「一葉知秋」的遠見了。你現在做的行業儘管賺錢，但如果一直自我陶醉下去，也許有一天會突然沒落，讓你閃避不及。因此，見微知著，洞察先機，有時賺錢的時候正是考慮轉行的最好機會。

　　劉文漢在香港經營汽車零件，由於「二戰」後經濟恢復的異常緩慢，劉文漢的生意非常平淡，眼看自己已到了不惑之年，在事業上還毫無建樹，他不由得憂心忡忡，整天思考發財良機，以便及時地從當時不景氣的經營中退出，另謀出路。

　　雖然他早就有了「走為上策」的打算，但何時走，如何走，該走向何方，心中還沒有一點底，只能度日如年地等待時機。

　　時機終於來了。不久號當他到美國考察時，發現美國青年對各式各樣的假髮興趣頗濃，由於美國生產假髮的廠公司過少，致使假髮供不應求，居然成了當時的熱門商品。

　　他做了一番周詳的市場調查，弄清了假髮業之所以如此興盛的原因。原來，反越戰與反種族歧視的運動促使了社會的動盪，直接醞釀了以標新立異、玩世不恭為特徵的「嬉皮」的誕生，於是，留長髮、戴假髮成了這些「嬉皮」的象徵，假髮業就這樣興盛起來了。

　　經過審時度勢，他當機立斷，立刻從汽車零件經營中退出，投入假髮業！

但難題接踵而至，自己根本不懂製造假髮的技術，如果盲目轉行，勢必一敗塗地。於是，他在茫茫人海中苦尋製作假髮的行家。皇天不負有心人，他終於找到了一位專門為演員製作假髮假鬍子的老師傅，他與老師傅通力合作，率先研製成功「假髮編織機」。

「走」的時機終於成熟了，他果斷放棄了原先的經營事業，開始全力製作假髮，終於一鳴驚人，成為赫赫有名的「假髮大王」。到了 1960 年代末期，假髮製造業的地位空前居高，居然成了香港四大出口支柱之一。

劉文漢選準了「走」的時機，謀定了「走」的方法，確定了「走」的方向，然後果斷行動，使「走為上策」大獲成功。這是他審時度勢、當機立斷的結果。

當別人眼紅假髮的利潤，紛紛加入假髮行業之時，他審時度勢，認為必須再次實行「走為上策」，於是當機立斷，將香港的假髮製造廠全部出售，來到澳洲，轉入葡萄酒的生產，成為澳洲赫赫有名的釀酒商。

劉文漢「走」得漂亮，非常明智，在他「走」後，「假髮熱」在美國迅速降溫，世界假髮市場一片蕭條，香港眾多假髮製造廠家紛紛倒閉。

這是他收手的好處，「走為上策」計使他保存了勝利果實，壯大了自己的力量，有效地迴避了即將來臨的危險。

「三十六計，走為上策」。這一「走」，走得機智，走得巧妙；走得及時，走得果斷；走離了風險，走來了輝煌；走出了一個「智者」的形象。

該收手時就收手。根據市場變化，立足於本行業的實際情況，進行大膽的產品結構調整，果斷地汰舊迎新，才能開拓自己在市場競爭中嶄新的局面。

走為上策

以退為進

「走為上策」不是一味退縮，退的最終目的還是為了積蓄力量，尋找時機，是為了更好地「進」。

退的方式各式各樣，可以把某種產品完全淘汰，可以把生產規模逐步縮小，可以從某個市場全面撤退。這樣做的目的都是以退為進，以便尋找更好的時機，東山再起。

美國 H 公司瞄準無人關注的清潔液市場，推出「×××多功能清潔劑」，占領了市場，業績非凡。實力強大的「日用品大王」寶僑公司看得眼紅，很快推出了「新奇」牌清潔劑，在丹佛市場進行規模空前的試銷，試圖一舉占領清潔液市場，形成了咄咄逼人的聲勢。

在「日用品大王」的攻勢面前，H 公司肯定無力反擊，於是果斷地採取「走為上策」計，將丹佛市場拱手讓給寶僑公司，「×××多功能清潔劑」逐步銷聲匿跡。

寶僑公司在丹佛的試銷未遇任何抵抗，大獲成功，於是不可一世的準備全面占領美國清潔液市場。H 公司眼看反擊時機成熟，於是果斷地以低價策略全面進攻，再用鋪天蓋地的廣告為這次的空前大優惠助威，很快吸引了廣大消費者。

當寶僑公司的「新奇」牌清潔劑趾高氣昂地走進美國市場時，才發現只贏得了寥寥無幾的消費者，收效甚微。不得已，寶僑公司只好也來個「走為上策」，放棄了清潔劑市場。

H 公司之所以大獲成功，是因為他們的「走為上策」是有明確目的的，達到了以退為進的目標；而寶僑公司在失敗之後也選擇了「走為上策」，則是完全放棄了清潔劑市場，承認了在這個市場上的徹底失敗。

　　當然，寶僑公司從清潔劑市場退出來，又轉入了其他市場的競爭，從整體策略上仍是實現了以退為進。

　　生意面臨必敗之勢時，宜先退、早退，但這種退卻不是無節制的、無止境的亂退。要借退蓄力，借退蓄勢，為下一輪競爭做準備。生意人要對事業保持控制力，使下屬人心不散，管理要令行禁止，工作有條不紊。無數事業失敗者的教訓告訴我們，無節制的敗退必將導致生意目標體系和責任體系的迅速解體，形成「潰不成軍、一敗塗地」的局面。

　　因此，不論事業面臨多麼嚴重的困難，處於何種危急局面，老闆絕不可慌不擇路，而應全力以赴地帶領員工挽救殘局，盡量減少損失。

　　當大失敗的局勢已定時，不要指望會出現什麼翻天覆地的奇蹟，生意人的唯一選擇就是在撤出某些經營領域的同時，在剩下的經營領域裡採取一些打破常規的管理措施，將損失減至最低限度。能在面臨大敗之勢時減少損失，就意味著在一定程度上戰勝了這場危機。

　　「留得青山在，不怕沒柴燒。」生意在經過多次失敗的耗損或一次失敗的重創之後，破產倒閉之勢已無可遏止，比較現實的目標就是不要輸光，在失敗之前設法保存有生力量，為東山再起「留下火種」。

　　面臨此種情況，生意人應靜心做好以下兩件事：一是選準必須保存的資源。不要奢望能保存很多資產，應當選擇那些市場價值不高或不明確但對事業最有再利用價值的資源設法保存，例如技術訣竅或關鍵職位的技術菁英、企業名號、商標或一塊活動場地等等，總之以一些「軟資源」為主。二是選擇最有效的合法手段來保存這些資源。在企業破產清算之前，果斷地採取合法手段，將擬定要保存的對象進行隔離、轉移、分立等技術處理；在破產前清算程序已經啟動的情況下，則應充分利用《破產法》中對企業所有者和經營者有利的條款，既據理力爭又靈活通融地爭取對自己

有利的結局。

　　在做任何生意時都要學會何時進攻何時退守，將來才有光復河山的機會。想當年楚霸王戰敗，以在烏江畔自刎收場。他並不是沒有退路，只因曾經破釜沉舟，帶領三千江東子弟兵西征，如今三千子弟兵都無一生還，自己認為沒有臉見江東父老，因而自殺收場。這是能伸而不能屈的心理缺陷，如能退回江東，或許還有再起之時。

　　總之，十步之內，必有芳草。生意場上既需要你要有鍥而不捨的勇氣與執著，也需要你有見風使舵的機靈和眼光。正如佛家所言：「捨」也是一種「得」。

附錄：閃爍著智慧火花的小點子

之所以稱這些點子為「小點子」，旨在告訴讀者：點子並不是那些所謂的「聰明人」的專利。事實上，這些點子看起來都是那麼的「小」——根本就不是什麼大手筆；然而，小點子卻發揮了大作用，正如小兵立大功。

希望讀者在閱讀這些點子時，不單是用眼睛，更要用大腦，細細品味，靜靜思索，於舉一反三的思考之中，用分析、組合、換位、移植等創新手法，打造出適用於你事業的點子。

登月，你準備好了嗎

在現代，太空人登月已是指日可待。圍繞著登月這一人類壯舉，眾多商家都在摩拳擦掌，試圖登上太空經濟這一艘「飛船」。

其實，早在美國人登月時，臺灣有一家大飯店也在苦苦思索——這是所有人都關注的事件，該怎麼利用它呢？剛開始，他們想打出廣告「慶祝人類登上月球」，但一想，這不但不吸引人，而且跟自己的飯店業務也沒有多大關係。

後來，他們想了兩個點子，前後舉辦兩次活動。第一次是在飯店裡辦大型慶祝活動，先透過報社、電視臺舉行一場龐大的月球知識的大競賽，優勝者將被請到飯店領獎並白吃一頓。此舉為他們帶來很高的知名度，趁著登月熱他們的名聲也熱了起來。第二次是立即推出登月大餐和登月雞尾酒，廣告道：「太空時代來了，吃這種食品才是真正合乎潮流的。」這個點子吸引不少消費者，人們都前往一試新口味，使這家大飯店利潤大增。

聰明的日本人在人類首次登月時，也嗅到了金錢的味道：

一家電視機廠商率先打出廣告：「看人類最偉大的壯舉，用××牌電視機最清晰！」這下子立即引發連鎖反應，全日本電視機廠商都加入了這場廣告大戰。然後美國、歐洲商人也驚醒，都趕來參加競爭：「人生難得一看的壯舉，請用××電視機欣賞。」人類登月為商人們提供了無數產生商業點子的機會，賣電視僅為其中一項，它創造了巨大的經濟效益，僅日本，一個月就銷出了500多萬臺黑白和280多萬臺彩色電視機。

當然，這些點子放在當今來說已經很老套了，在此只能作拋磚引玉之用。

登月飛行一切準備就緒，你的點子準備好了嗎？

修復自由女神

日本公司總是打富士山的「主意」，美國的一些公司也毫不遜色。其中，美國運通公司就打起了自由女神的「主意」。這家經營信用卡的公司當然不是想幫自由女神辦信用卡，而是發起一場為修復「自由女神」像的籌資活動。該活動是一項在全國範圍內進行的帶有慈善性質的銷售活動。該公司大肆宣傳，說該公司信用卡持有者每購買一次物品，它便捐助一美分給「自由女神」像的修復工程，每增加一位申請該公司信用卡的新客戶，它便捐助一美元，最後，該公司為了修復工程籌集了170萬美元的免稅費用，與此同時，使用和申請該公司信用卡的人數也隨之猛增。前者比以往成長了28%，後者成長了45%。

由該公司委託進行的對持有運通信用卡人士的電話調查顯示，受調查者全都知道這個廣為宣傳的推銷活動，其中許多人說，之所以接受運通公

司的宣傳，是為了促進修復女神像和幫助運通公司成功這一「美好事業」。

由運通公司策劃的「自由女神修復工程」，利國利民利己 —— 是典型的「三贏」，不失為一個好的廣告點子。

靠官司宣傳

大多數人對於打官司一事歷來抱持的態度是：能不打則不打。很少有人認識到「官司」也有可能被「利用」的一面。

1940 年代，美國商人雷諾茲為了一樁生意來到阿根廷，無意中看到了一種當時在美國還無人知道的新奇產品 —— 原子筆，而且得知美國 D 製筆公司已經購買了在美國生產這種筆的專利權，雷諾茲買了幾支帶回美國。一到芝加哥，他就請求工程師幫他設計了一種新型的、利用地球引力自動輸送墨水的原子筆。

雷諾茲深知 D 公司規模龐大，一件新產品要經過許多機構才能推向市場，自己必須抓住時機捷足先登。於是他舉著自己這支唯一的原子筆到紐約金貝爾百貨公司拜訪，他使出渾身解數向百貨公司宣傳，推銷十分成功，該公司一次就訂購了 2,500 支。金貝爾百貨公司銷售雷諾茲原子筆這一天，顧客反應之強烈震驚了整個零售業，該公司被迫請 50 名員警來維持秩序。而雷諾茲在接到 2,500 支訂單後，又到金貝爾公司的競爭對手梅西百貨公司那裡去登門宣傳，又接到一大筆訂貨。成本只有 0.8 美元的原子筆售價卻高於 12.5 美元，利潤十分可觀。

在推銷原子筆時，雷諾茲擔心有人還不知道這種筆的問世，他想要擴大宣傳而又缺乏人力財力，於是雷諾茲就決定利用法院來「宣傳」。毫無根據地向法院起訴說兩家大製筆公司 —— D 公司和 I 公司違反了反托拉

斯法，因為這兩家公司想方設法地阻撓雷諾茲公司生產和試銷自己的原子筆，要求賠償 100 萬美元。這兩家公司很快提出反控告，許多報紙都知道了這一消息，最後案子不了了之，只有雷諾茲達到了宣傳目的。

受傷的波音 737 客機

1988 年 4 月 27 日，美國的一架波音 737 客機起飛後不久，劇烈的爆炸把前艙頂蓋掀開一個面積約為 6 平方公尺的大洞。一名空中小姐頓時被猛烈的氣浪拋出窗外，殉職於藍天。經過一番努力，飛機安全降落在附近的機場，旅客和機組人員均平安生還。

飛行事故往往釀成災難，使旅客們談之色變。對於這次的飛機事故，波音公司不是避而不談，而是主動地廣為宣傳。他們說明這次事故的原因在於飛機太陳舊，金屬疲勞所致；這架飛機已飛行了 20 年之久，起落達 9 萬次，大大超過了保險係數；飛機能在嚴重事故之後安全降落，足以證明波音飛機的可靠性能；新型波音飛機已解決了金屬疲勞的技術難題，因而購買波音公司的新產品會更加安全。這樣，透過及時而誠實的宣傳，波音公司化被動為主動，不僅沒有損害公司的形象，反而進一步贏得了用戶的信賴。事故之後訂貨猛增，僅 1988 年 5 月的訂貨量就達一季度的近 1 倍。

受傷的波音 737 客機為波音公司立下汗馬功勞。

說得到，做得到

一天早上，剛從海濱渡假回來的一群法國人開始上班了。突然，他們發現公司旁邊看板的醒目處貼著一幅巨大的海報，一位穿著三點式泳衣的漂亮女郎，雙手叉腰，向著來往的行人微笑。身旁寫著「9 月 2 日，我將

脫去上面的。」人們等待著 9 月 2 日的來臨，似乎這一夜特別長。

第二天，上班的人發現海報女郎依然叉著腰微笑，但是「上面的」果然不見了，露出了健美的胸部。女郎身旁又有一行新的說明：「9 月 4 日，我把下面的脫去。」人們開始竊竊私語，究竟是怎麼回事？新聞記者四處打聽，也探聽不到內情。

9 月 4 日，人們起得非常早，窗子對著看板的人一早起來便向外張望。映入眼簾的是一個一絲不掛的背向行人的女郎，她修長而曲線優美的身材在晨光中閃著健美的光芒。「下面的」果然沒有了，結實的臀部高高翹起，身旁寫著：「未來海報廣告公司，說的到，做的到。」這幅海報竟使未來海報廣告公司家喻戶曉，名聲大噪。

雖然法國婦女組織聲稱該公司損害了婦女的尊嚴，要求檢察院責令公司用印上藍色十字的膠帶把女郎的臀部蓋住，但是，公司利用心理學上「探究反射」的原理，把人們獵奇的心理帶進廣告裡，不能不說是手法上的成功。這個點子一直被廣告界傳為軼聞趣事。

平面廣告上的文字遊戲

如果你想在當地打響公司的名號，你可以先看看以下的例子：

一家位於大城市郊區的園藝中心剛剛開幕，老闆希望大眾能夠認識這家店並知道它的所在地址，於是它設計了一張海報並張貼在城內所有的公布欄上：

你需要園藝材料嗎？

來這裡，就可以買到你要的東西

花園世界（動物園對面）

電話：××××××××

你是否也重複讀了好幾次海報上的文字，最後才發現它在說些什麼？如果是的話，設計這張海報的人就達到他的目的。沒錯，利用文字遊戲讓人們反覆閱讀的力量，就如你自己所體驗的，人們會被這類廣告所吸引，並且更加專心地去領會文字內容，無形之中也以比較認真的態度去理解整個廣告的資訊。而經歷這樣的閱讀過程，受眾的記憶深度通常也會加強。雖然這只是一種文字遊戲，但大多數人都會對這種廣告感到好奇，會因這種文字感到迷惑，從而產生想要解開文字密碼的自我挑戰，這就是人性！一旦人們解開文字之謎，他們也就記住那個銷售的資訊了。

當你著手設計賣弄文字創意的海報時，有幾點你得牢記在心。首先，用不尋常的拼字方法或是特殊的文字排列是平面海報的基本要素，因為這樣可以產生獨特的視覺效果，並吸引人們注意這張海報。設計好了之後，可以先請你的家人或是朋友來做試驗，如果他們一看到海報，都會用幾秒甚至幾分鐘時間思考一下，然後發出會心的一笑時，那你就可以放心地將這張海報張貼出去。其次，你的海報除了文字遊戲之外，請不要忘記利用機會宣傳公司的基本資訊：公司名稱、地址、聯絡方式。

打開天窗說亮話

在商業社會，開「天窗」也是一種廣告創意。比利時一家電信公司出錢在 6 家報紙第一版上刊出 6 塊大「天窗」，使讀者對這寸金之地的空白詫異不已，於是忍不住在那一片白茫茫中尋覓能說明這一反常現象的謎底。最後終於在最底下發現這樣的一行短小的文字：「沒有了電信服務，閣下的報紙會變成什麼樣子。」接著，在第二版上讀者看到了該電信公司

的全版廣告。這樣一來，該公司自然在讀者心目中留下十分鮮明、深刻的印象。廣告費雖然花了不少，但那個「空白」所產生的效果，卻遠勝於一般的連續廣告。

絕不隱藏的裸露

有一家直銷公司在雜誌上刊登員工的裸體廣告，目的是要告訴潛在客戶，他們公司是多麼直接、坦白，絕對足以信賴，而公司的 25 名員工全都裸露上陣，為公司拍攝這則廣告。這幅廣告中所有員工都用手和腳遮住重要部位，眼神直視前方，並在廣告中標示一句文案「我們絕不會隱藏我們的承諾」，這則廣告刊登當天，就引起輿論熱烈地討論，甚至連新聞都報導這則廣告。這則廣告引起的轟動很快從當地媒體蔓延到全國性媒體，包括電視和廣播等媒體都在討論這則廣告。而這家公司僅花費一頁篇幅的廣告費用，卻帶來上千的媒體效應。

有時候做一點傻事也會帶來正面的意義！事實上，一個經過精心設計的公關噱頭，可以有效提高公司曝光度，所謂公關噱頭指的是事先規劃好吸引媒體採訪的事件或突發狀況。這些事件往往可以獲得多數媒體的關注，而經過報導也會使大眾感到震驚。

當你決定要採用公關噱頭來製造新聞時（也就是指「炒作」），你得思考許多重要的問題，包括這個事件是否引起人性最基本的需求，或是具有高度娛樂和新聞價值。你要有把握將這個資訊曝光時，別人會報以讚嘆的回應，甚至大呼「哇！」唯有這樣，才能引起大眾的好奇與關注。

最重要的是，如果有可能的話，將你的產品及服務也帶入這個設計好的事件之中。舉例來說：如果你是一家麵包店老闆，你可以設計一個擂臺

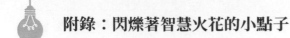

賽，鼓勵人們參加大胃王比賽，締造新的吃麵包金氏世界紀錄；如果你是一家旅行社老闆，為了推廣澳洲內陸假日旅遊的野外行程，你可以透過播放和食人鱷搏鬥的驚險鏡頭，激發人們獵奇探險的本性。

換個角度找準點

「達新牌」和「三和牌」是臺灣人非常熟悉的兩個品牌，它們的廣告也經常在報紙、電視上出現。這兩家公司的產品大致類似，因此競爭相當激烈。

無巧不成書，1970 年 5 月，這兩家公司不約而同地推出一種反光雨衣，為了搶奪顧客，雙方展開了一場前所未有的廝殺。

所謂「反光雨衣」，顧名思義，它的用途是為了夜間雨天的行車安全。除了「反光」是主要的訴求點之外，雙方也都強調設計的美觀、漂亮，不下雨時可以當夾克，一件當兩件穿等特點。

達新牌和三和牌的反光雨衣之戰，最後獲勝的是三和牌。

三和牌之所以獲得勝利，並非取決於設計、品質或價格，因為不論設計、品質或價格，兩家均大同小異，難分上下。那麼三和牌以何種原因獲勝呢？此乃得力於廣告上的一句話：「晚上 100 公尺能看見我」。

「晚上 100 公尺能看見我」是一句簡單、具體、人人能懂的話，100公尺的距離感也是每個人都能了解的，所以這句話的意思就等於是「安全」。

反觀達新牌的廣告則強調「安全、防雨、又漂亮」，這樣的創意不但沒有重點，無法突出商品的特色，而且抽象而籠統，絕對沒有「100 公尺能看見我」那麼簡明易懂。

三和牌就是靠這句「晚上 100 公尺能看見我」的廣告詞而成功，從而擊敗了達新牌。

免費廣告

天下有「免費」的午餐，還有「免費」的廣告嗎？答案是：有。

一天，東區的一家小店的門口人頭攢動，人聲鼎沸。人們踮起腳尖伸長脖子爭相往店裡看，原來一位身高超過兩百公分的「巨人」正在店裡試穿一條又長又大的牛仔褲，相較之下，一旁的女店員簡直成了個娃娃。

這是一家經銷各大品牌牛仔褲的服裝店。幾年前，在服裝業日趨蕭條的情況下，該店長為了擴大知名度，終於想出了頗具創新意識的一招：特意訂製了一條超長、超大的牛仔褲掛在店面櫥窗，上面別著一張紙條：「合適者贈送留念」。褲子雖不值多少錢，但卻頗具新聞價值，因為這條褲子實在太大，絕大多數顧客只能「望褲興嘆」，這件事一傳十，十傳百，小店的名氣也因此越來越大。更沒想到的，它竟引起了新聞媒體的注意，紛紛派出記者進行了現場報導，小店一下子變得家喻戶曉。

第一位幸運者終於出現了。腰圍 130 公分的退休工人穿走了第一條超大型牛仔褲。於是，一則題為〈腰圍 1.3 公尺的牛仔褲被穿走了〉的報導便很快出現在報紙上，不久，上各電視臺也相繼播放了這條消息。該服裝店沒有出一分錢的廣告費，僅靠一條牛仔褲名揚天下，其廣告點子之高明，不得不令人叫絕！

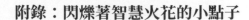

偶發事件是個機遇

　　數年前，一架美國賽斯納公司生產的「獎狀」號飛機在下降時遇到一隻叼著兔子的老鷹。老鷹見到飛機這個龐然大物時很害怕，丟下兔子就跑。這下糟了！兔子恰巧被吸入飛機引擎。若引擎一旦被損壞，這架飛機就完了！飛行員嚇出一身冷汗。然而很幸運的，兔子撞機雖然使螺旋槳受損傷，但引擎卻安然無恙，飛機平安地降落在地面上。由於「獎狀」號飛機裝的是加拿大普拉特 & 惠特尼公司生產的 PT6 渦槳航空引擎，普惠 PT6 引擎因此成了世界上唯一經受過「兔撞試驗」的引擎，由此意外地證明了該引擎運作的可靠性。這家引擎公司借此機會大加宣傳，於是在世界航空工業界贏得了很高的聲響。

　　上述偶發事件在現實中雖然發生的機率很少，但一旦發生，商家必須敏銳地捕捉到其中的含金量。比如曾有一戶居民家失火，燒毀了全部家電。火熄滅後，該居民發現某牌的冰箱雖然外表燒焦，但接通電源後工作正常。該冰箱生產公司知道這一消息後，專程送上一臺新冰箱給此用戶，並拿這臺欲火餘生的舊冰箱大肆宣傳，贏得了相當好的口碑。

沒有人能穿的鞋

　　義大利哈里茲製鞋公司為了慶祝公司 50 週年生日，製造了一雙長 1.8 公尺，高 1.22 公尺的巨鞋。在製鞋之前，他們透過報紙把準備製造巨鞋的計畫公開，並請消費者參加有獎競猜：製這雙巨鞋要用多少張牛皮？用多少斤鐵釘？……猜中了的給予重獎，這個計畫吸引了許多人注意。

　　他們不斷地透過報紙把製作這雙鞋的進度向消費者們報告：現在做到什麼程度啦、有多少人製作啦、由公司總經理親自帶領製作啦等，同時總

忘不了介紹該公司的優點。

透過這次巨鞋製作活動，他們把自己精細的做法向消費者做了全面介紹，並說：我們賣給你的每一雙鞋都是這樣精細製作而又貨真價實的。這雙需要 6 個人才能抬起來的皮鞋不僅被載入金氏世界紀錄，產生了極大的廣告效果，而且還迎來了無數顧客。

傍上柏林牆這棵「大樹」

每一個重大的事件中都飽含廣告的商機，重要的是你有沒有一個好的點子？

橫亙在東西德的柏林牆的拆除引起了全世界的轟動。在一般人的眼裡，政治事件就是政治事件，而傑出的商人卻能從政治事件中想出點子，賺到很多錢。

日本星辰公司具有靈敏的商業神經，他們立即覺得柏林牆拆除是個大好機會。但怎麼和他們生產的各類星辰錶關聯起來呢？他們知道柏林牆將在規定時刻開工拆除，人們需要一個準確的鐘錶來確定時間。於是他們多方奔走，用盡心機，使星辰錶成為德國統一、推倒柏林牆的正式計時鐘錶，從而將小小一塊錶與一重大歷史事件連繫在一起。當全世界的人都坐在電視機前觀看一重大政治事件時，星辰錶也隨之進入了人們的視線，大大地提高了知名度。

用數字說話

廣告語言是廣告的核心，如果廣告語言不得要領，就會導致失敗。例如，我們經常見到「此藥具有新奇效能」、「藥到病除」等廣告用語，雖

然用了聲勢奪人的宣傳語句，但沒有人會相信它，反而會使人產生不實懷疑的感覺。

美國某間製藥公司多用途藥油的說明書就清新脫俗，頗具吸引力：「此藥對於牙齒痛 5 分鐘就能舒緩；耳疾 2 分鐘；背痛 2 小時；腳痛 2 天有效；止咳 20 分鐘就夠了；感冒流鼻涕則要 24 小時；聲音嘶啞 1 小時；喉嚨痛 12 小時；燙傷疼痛 1 分鐘；搔癢 5 分鐘完全消除。」最後寫道：「此藥一劑等於同樣分量的其他藥品 10 劑，它的效力比別的藥品強 10 倍，請您試試看。」

由於宣傳得法，數據清晰，加上本身的驚人藥效，因此深受大眾的喜愛，在美國已成為長盛不衰的暢銷藥品。

以瑕為美

美國市場對水果的品質要求很高，表面稍有斑點，就不能上貨架。

有一年深秋，冰雹、霜凍給一些農場種植的蘋果表面留下了斑點，批發商不願進貨，農場主面臨庫存堆積的窘境。

危難之際，一位農場主請教了一家有名的廣告公司，隨即登出了這樣一條廣告：「人們都知道蘋果是美國北方高山地區特產，清脆爽口，香甜無比。那麼怎樣鑑別北方蘋果呢？北方高寒地區往往寒流早到，如果受到冰雹襲擊，它雖會在蘋果表面的留下斑斑點點，但這並不影響品質，倒可以幫助我們鑑別。」

當廣告還在繼續刊登、播出時，商店裡已出現了興致勃勃地尋找帶有斑點蘋果的消費者。批發商也趕緊進貨，庫存的蘋果很快銷售一空。

大張旗鼓的搬遷

公司或店鋪搬遷，一向為各商家所頭疼。除了各種繁瑣的工作外，客戶的聯絡也是一個大問題。因此除非萬不得已，很少有公司或店鋪搬遷。

精明的日本人將廣告做到了搬遷之上。日本一家廣告公司 —— 電通公司要從銀座遷入築地。搬遷那天，公司的 2,000 多名員工在總經理帶領下，浩浩蕩蕩地向新址進發。

帶路的兩面色彩豔麗的旗幟上寫著兩行大字，一行是：「謝謝銀座各界人士過去的照顧。」另一行是：「歡迎築地各界人士以後多多賜教。」場面壯觀，吸引了大批觀眾。

日本各大報紙和電視臺記者聞訊紛紛前往採訪、報導，不僅許多老客戶知道電通公司搬到了築地，許多新客戶也得知築地新進了一家廣告公司。結果，電通公司在搬遷後一年之內，業務量翻了一番。如此的「廣告」令人叫絕。

醜女廣告

法國有間化妝品公司，曾於在《巴黎人報》上刊登一則別出心裁的廣告，題為〈徵求醜女〉，廣告詞大意是：凡自信長相最醜之本市少女，如能到本公司長談一小時者，本公司願付 20 法郎作為報酬；經過談話後，若得到本公司滿意者，本公司即以重金聘用。

這一則廣告傳開後，很快就有 10 多名醜女前來應徵，公司從中選出了 2 名最醜者。三個星期後，公司又登出廣告宣布醜女已選定，並將於某星期六晚上在巴黎某處與公眾見面。消息傳開，人們奔走相約，準備赴會。

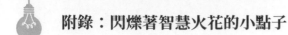

到了這天晚上，當大幕拉開之後，兩位醜女先後登臺，眾人一看果然奇醜無比，觀眾議論紛紛。兩位醜女簡單的自我介紹之後，公司總經理上臺講話。他說，此次徵求醜女登臺，目的為了讓大家看看本公司所生產的化妝品的功效。請諸位稍候片刻，我們進後臺當場為兩位醜女化妝，然後再與觀眾見面。觀眾們等了一會兒，只見在音樂相伴下，臺上款款走出剛才亮相的兩位少女，不過已是服飾一新、妝容精緻，在燈光照耀下，風采照人，的確漂亮了許多。觀眾們大為嘆服，嘖嘖稱奇。從此，這家化妝品公司名聲大振，產品暢銷，令那些慣於用美女做廣告的同行們自嘆弗如。

幽默廣告

幽默的造型與畫面是廣告的理想調味料。

日本東京一家專營汽車輪胎的商店在門口放置了一個站在汽車的輪胎上的一公尺多高的動漫塑膠人。一充氣，塑膠人就膨脹起來，手裡拿著一個「我們店的輪胎好」的看板，一洩氣，人和牌就癟了下去。塑膠人的神態滑稽可笑，一漲一癟就更有喜劇效果。於是，這家商店所經營的產品也就印在了人們的腦海中。

日本某企業生產一種不用開瓶器就能輕易打開的啤酒。為了宣傳這種飲用方便的新型啤酒，廣告商設計了一則電視廣告。一位女孩正用纖纖素手，輕輕地打開啤酒瓶蓋，這則廣告談不上失敗，卻也不算上乘之作。用美女做廣告的實在太多了，難免要落入俗套。相比之下，美國廣告專家為同類產品設計的電視廣告就技高一籌。電視畫面是，一位老人拿著一瓶新型啤酒，對著鏡頭得意地說：「以後再也用不著牙齒了！」說完一笑，咧開他那缺了顆門牙的嘴。廣告詼諧風趣，富有暗示意義，其中不動聲色的

幽默，怎能不逗觀眾開心？

美國芝加哥一家美容院的看板這樣寫道：「不要對剛剛從我們這裡出來的女孩使眼色，她很可能是您的奶奶！」芝加哥還有一家「臉部表情研究所」，其招生簡章上說：「您將在我們這裡學會巧妙地皺眉，讓人一看就覺得您是誠實的人。」

瑞士旅遊公司的看板上寫著：「還不快到阿爾卑斯山玩玩，六千年後這山就沒了。」

由於西方國家車禍多，到處都有警告司機的大看版。美國伊利諾州的十字路口旁的牌子上寫著：「開慢點吧，我們已經忙不過來了！」署名是：「棺材匠」。

看誰能「吹」

臺中某食品工廠是一家生產口香糖的工廠，該廠在「吹」字上做文章，以吹泡泡的示範效應擴大產品的影響力。廠長提出了鼓動性的口號：「看誰能吹」，鼓動員工學吹泡泡，並精心物色了幾位「吹泡泡」高手，再請專家對她們進行突擊培訓，組建了全國第一支「吹泡泡表演隊」。

8 位吹泡泡小姐不負眾望，練就了吹泡泡的奇招，嘴一張便能一連吐出三層甚至四層大泡。吹泡隊很快為社會所矚目，不少地方慕名請她們前去表演。某電視臺也特地請她們去參加跨年晚會，一時間竟掀起了一股男女老少學吹泡泡熱潮，該廠的口香糖頓時成了熱銷商品，不少商店都向該廠緊急調貨。

自揭其「短」

既說其長，也道其短，不偏不倚，這樣也能引起顧客的共鳴。瑞士一家錶店門庭冷落，生意很不景氣，一天，店主貼了一張這樣的廣告：「本店的一批手錶走時不太精確，二十四小時慢二十四秒，望君看準擇錶。」廣告貼出後，這間錶店一下子門庭若市，生意興隆，銷出了庫存的大量手錶。

這是為什麼呢？原來店主研究了消費者的心理。一般推銷商品的廣告大都言過其實，以什麼「尖端」、「首創」來炫耀商品，久而久之，人們對此感到懷疑。「揭短」廣告則以誠相見，讓人相信說的是實話，易於被人們理解和接受。

當然，在運用這個點子時，成功的關鍵在於產品本身品質夠好，而所謂的「瑕疵」也應該是允許範圍內的「瑕疵」——像二十四小時慢二十四秒，若慢二分四秒的話，再成功的廣告點子，也收不到預期的效果。

娓娓道來

美國艾維士租車的企業宣傳廣告是這樣寫的：

「在汽車出租業中，艾維士只是第二。

如此，為什麼仍乘坐我們的汽車？

這是因為我們更為賣力。

我們只是無法忍受骯髒的車廂，或是半空的油箱，或是用舊了的雨刷，或是充氣不足的輪胎。

顯然，我們在全力以赴地追求完美，讓你出發時能有一個乾淨、馬力

充足的福特新車以及愉快的旅途。還走，讓你知道什麼地方能買一個又好又熱的牛肉三明治。」

愛菲斯租車公司的廣告文稿寫得別具一格，它沒有寫什麼「服務周到」、「乘客之家」、「包您滿意」、「清潔衛生」、「安全舒適」等官方用詞，而是採用第一人稱的手法，直接提出消費者乘坐車的希望和要求，使人感到親切、自然。

「愛菲斯在汽車出租行中的規模雖然不是很大，但是卻能竭誠為乘客服務，全力以赴地滿足乘客的各種需求，使乘客獲得最大的滿足 —— 旅途愉快，這也就是愛菲斯的最大特點。」

全文不加修飾，看起來似乎平淡無奇，其實每句話都是迎合顧客心理並經過深思熟慮寫的，確切地表現出了愛菲斯的特點。

天價汽車打的是什麼牌

美國某汽車製造廠商將自己系列產品中最高階的汽車裝飾得無比豪華，價格自然也高得驚人，卻很少有人問津。老闆一點也不著急，原來他根本沒做將此汽車賣出去的打算。

他這麼做的目的是要提高該牌子汽車的品味，使之名揚天下，讓消費者都知道這個牌子的汽車是名貴產品，但大量傾銷的則是該品牌的中、低階汽車，價格並不比一般車型貴上多少。這麼做會使消費者感到，沒花多少錢就開上了名牌車，心中自然感到十分得意，自尊感與身分感也就油然而生。

天價汽車的這個創意點子，在香港也有類似的例子。最近，香港彌敦道的一間珠寶公司在櫥窗裡陳列了一雙女性高跟鞋，標價 30 萬港幣，引得路人爭相圍觀，成為一大「新聞」。

原來，這雙皮鞋是用四腳蛇的皮製造的。四腳蛇體型小，皮也較薄，用來製鞋，無異於需要的量為數不少。「物以稀為貴」，這樣的鞋，身價自然不一般。更重要的是在鞋面的裝飾上一共鑲了 484 顆圓鑽石，50 顆方鑽石，總重 32.83 克拉，分布在鞋面與鞋跟兩旁，而且鑲了鉑金。

　　這樣一雙名貴的鞋，大概是沒人敢買的，就是買了也不會隨便穿上。因此鞋子只能放在擺設架上，作為陳列品擺闊罷了。

　　其實，珠寶公司老闆的動機、目的是：故意標奇立異，他們設計了這雙珠光寶氣的名貴皮鞋，卻不一定要賣出，只是陳列，也足夠招來顧客的了。

關鍵策略：

瞄準市場 × 經營品牌 × 建立客群 × 掌控全局，恰當好處的小心機，高效率實現大目標！

編　　著：胡文宏，惟言

發 行 人：黃振庭

出 版 者：崧燁文化事業有限公司

發 行 者：崧燁文化事業有限公司

E-mail：sonbookservice@gmail.com

粉 絲 頁：https://www.facebook.com/
　　　　　sonbookss/

網　　址：https://sonbook.net/

地　　址：台北市中正區重慶南路一段六十一號八
　　　　　樓 815 室

Rm. 815, 8F., No.61, Sec. 1, Chongqing S. Rd.,
Zhongzheng Dist., Taipei City 100, Taiwan

電　　話：(02)2370-3310

傳　　真：(02)2388-1990

印　　刷：京峯彩色印刷有限公司（京峰數位）

律師顧問：廣華律師事務所 張珮琦律師

定　　價：350 元

發行日期：2023 年 03 月第一版

◎本書以 POD 印製

國家圖書館出版品預行編目資料

關鍵策略：瞄準市場 × 經營品牌
× 建立客群 × 掌控全局，恰當好
處的小心機，高效率實現大目標！
/ 胡文宏，惟言編著 . -- 第一版 . --
臺北市：崧燁文化事業有限公司，
2023.03
面；　公分
POD 版
ISBN 978-626-357-132-7(平裝)
1.CST: 職場成功法 2.CST: 策略規
劃
494.35　112000443

電子書購買

臉書